シリーズ
地域の再生 5

地域農業の担い手群像

土地利用型農業の新展開とコミュニティビジネス

田代洋一

農文協

まえがき

1

ＴＰＰ・東日本大震災・原発事故と国難が押し寄せている。なかでも農漁業・農山漁村は壊滅的な打撃が予想され、それが現実になっている。そのとき、待ってましたとばかりに「農業構造改革」や「創造的復興」が語られる。内容は資本に農地所有権や漁業権を明け渡すことと大規模経営化だ。

それは、現場を見ずして、中央・マクロの視角、災害にビジネスチャンスを求める「災害資本主義」[1]の視角から、できあいの新自由主義のマニュアルを現場に押しつけることでしかない。だから、判で押したように同じ内容になる。

しかるに今日の農業・農村は、そういうマクロ的視角からは見えてこない、地域個性的な現実にあふれている。一つは集落営農など、さまざまなバリエーションの協業に「個」が包摂され、あるいはリンクしていること、二つには「個」が「面」のカバーに及んでいることである。

そのようなこともあってか、「多様な担い手」といった言葉がさかんに用いられている。政権交代後はとくにそうである。しかし「多様な」という言葉は八方美人的で口当たりはいいが、かえって「担い手」の概念や構造政策の意義を曖昧にする面もある。

その結果、一方では、「担い手」を選別してそこに政策を集中しつつ、その他の者を単なる地代取得者や地域資源管理の面に押し込めようとする「新自由主義経済学」が主張され、他方ではそれへの反発もあり、規模の経済を追求する動きや構造政策の意義そのものを否定する見解もみられる。

このようななかで今必要なことは、農業・農村の現実、その地域個性的な動きをつぶさに見つめることではないか。本書はそのような思いから、土地利用型の水田農業に限定し、その多様な担い手のあり方の事例をとりまとめたものである。「担い手」は土地利用型農業のそれに限られない。実に多様な担い手がいてこそ今日の農業・農村は持続できる。しかしそのような多様性については本シリーズの他の諸巻が豊富な情報を提供するので、本書は土地利用型水田農業に限定する。

このようなテーマについては、統計分析や特定地域を深掘りする実態調査は必ずしもなじまず、幅広く事例を見て歩く必要があるが、一個人の調査には能力と時間の限界があり、またそもそも事例はどこまでいっても事例にすぎず、リストは無限に続く。他方で今日の転変する「政局農政」のもとで調査の賞味期限は限られ、また一書としてのボリュームにも限りがあるので、とりあえず中間報告することとした。

第Ⅰ部は、テーマに即して各地域の事例をピンポイント的に取り上げ、そのストーリーを追ったものである。その際になるべく複数事例を取り上げるようにしている。第Ⅱ部は、出雲、松本平、津軽の3平野を取り上げ、地域農業支援システム、集落営農、個別経営が織りなす諸関係に迫った。点と面の両面からのアプローチがねらいだが、点の背景に面があり、面が点の集合、ときにそれ以上のものでもあることはいうまでもない。

ノンフィクション作家の佐野眞一は東日本大震災の被災者の「沈黙を伝えるには、〝大文字〟の論評ではなく、ディテールを丹念に積み上げて、〝小文字〟で語るノンフィクションしかない(2)」としている。それをもじれば、本書は些末な現実にかかずらわることにあまり興味のない「大文字」好みの方には不向きである。誠に「神は細部に宿り賜う」ことを信ずる「小文字」に興味ある人びとに素材提供することを旨としている。

とはいえ序章や終章では多少の一般的考察を試みた。お忙しい向きは、終章をインデックスとして興味ある事例にさかのぼっていただきたい。

2

佐野もそうだが、この大震災に際して、多くの人びとが自分に何ができるのかを真剣に模索し、結局は自分が長らく培ってきたものを活かすしかないと考えた。これが日本の市民社会の歴史的な到達点だろう。私の学科（専攻）の同僚も、たとえば柴田邦臣准教授は学生とともに出身地・宮城県山元町の被災者の写真のコンピュータ復元に取り組み、吉原直樹教授は『コミュニティ・スタディーズ』（作品社）等を著している。では「お前に何ができるのか」という自問に答え切れず、忸怩たる思いで書き連ねてきたのが直近の拙著『反ＴＰＰの農業再建論』（筑波書房）であり、本書である。

その間、福島県の被災地の一端もお訪ねしたが、茫々たる塩湖と化した水田の至るところに大木の根や船がつきささっている光景に茫然とした。放射能に音もなく侵されいく飯舘村の、あまりにのどかな田園風景のなかに降り立ったときも同じだった。

「災害資本主義」の日本版としての「創造的復興」には「人間的復興」が対置されるが、人間とは言うまでもなく「社会的動物」であり、何らかのコミュニティのなかでしか生きられない。とすれば「人間的復興」はまずコミュニティを取りもどすことから始められるべきだろう。本書は、日本の村落共同体が幾重もの歴史的な同心円から成立しており、人びとはその時々の課題に応じてそのいずれかに依拠して生き繋いできたことに注目する。そのような重層性をもったコミュニティの復興が望まれる。南相馬の人びとが集落ぐるみで中越地震の被災地の小千谷市に避難し、地元と交流している映像をみてそう思った。

今回の被災地は農山漁村や農山漁村の中の街が多かった。農山漁村は、地べた、海べたに張り付いた、職住一体の生業の地である。その点で立地選択や移動（逃散）が可能な資本や労働者と異なる。高台移転といった別の形で自然をいじり改造する案は、そういう違いを無視して、人びとの生業の機会を奪い、別の災害可能性を高めることになる。津波が更地にしてくれたので、その白紙に全く新しい土地利用計画図を描いてやろうというのも同様だろう。「復興」の前に「復旧」である。

また株式会社資本による漁業権の取得や大規模経営化が当然のごとくに語られている。まさに災害「エンクロージャー」による「災害資本主義」の横行であり、翻ってそれは「災害難民」の創出である。しかるに中越地震の時も大量離農の予想に反して農家の営農意欲は強かった。今回は災害の規模が違い、また放射能被害の先は見えていないが、まずは農地の復旧であり、それとともに決して失われてはいない営農・営漁意欲を踏まえた話し合いがなされるべきである。

一面の湖に化した水田の横にうず高く積み上げられた高価な農機具の残骸をみると、昔どおりの営農には戻れないかもしれないとも思う。しかし、自分の腕一本に命を託してきた漁師たちが、一艘だけ残された船を共同で使おうという動きも出てきている。本書でとりあげる集落営農のあり方は、個と協同を活かしつつ、また分割・連合も可能な協同方式として試行錯誤の一こまになりうるだろう。東北よりも規模が小さい地域の、規模が小さいが故の協同がもつ強靭性にも注目すべきだろう。

本書では個別の規模拡大事例もみている。それが「地域農業の担い手」足りうるのは、地域の信頼と承認あってのことである。それに対して落下傘部隊や火事場の焼け太り的な外在的大規模化路線が長い目でみて地域に受け入れられるとは思えない。

機能麻痺した行政や甚大な被害を受けた協同組合も多い。その際にはたんなる復旧ではなく、本書で取り上げるワンフロア化という形での地域農業支援システムの構築もありえよう。全然別のものを創る「創造的復興」ではなく、「地域にあるもの」をより合理的・現実的に組み立て直す道である。

本書の知見の限りでは、東北はこのような取組みがどちらかといえば苦手で、元となる「集落」自体が西日本に比べ相対的に弱い。その点では「集落のなかでの徹底した話し合い」自体がうわすべりし、外部から、上からの「計画」に隙を与える可能性も懸念される。しかし他方ではすでにさまざまな協同の動きが伝えられている。筆者のようなよそ者がノコノコ被災地調査にでかけることは控えざるを得ないが、本書の延長で、そのような動きを見つめつづけたく思う。

本書の叙述はあくまで大震災前に関するものだが、そこに大震災後への何らかのかすかな発信が読みとれないだろうか。読者とともにそれを探りたい。

注

（1）小田切徳美「災害資本主義」『町村週報』2767号、2011年。ナオミ・クライン、幾島幸子・村上由見子訳『ショック・ドクトリン　惨事便乗型資本主義の正体を暴く』2011年、岩波書店。

（2）佐野眞一『津波と原発』2011年、講談社。

田代洋一

二〇一一年七月

シリーズ　地域の再生　5

地域農業の担い手群像

——土地利用型農業の新展開とコミュニティビジネス

目　次

第Ⅰ部　個別事例

第１章　西日本の事例 —— 36

第Ⅱ部　地域事例

序章　担い手と構造政策

1　担い手とは何か

政権交代と担い手論

政権交代期の「政局農政」の迷走のなかで、「担い手」の捉え方もまた混乱している。末期自民党農政の集大成は、2007年からの品目横断的政策（経営所得安定対策、以下「品目横断的政策」とする）だった。そこには二つの政策目的が混在していた。一つは、WTO体制下で国境保護政策や価格政策を引き下げ、撤廃することの代償としての直接支払い政策である。もう一つは、直接支払いの政策対象の規模を限定することで「担い手」を育成しようとする選別的構造政策である。前者はいちおう直接支払い政策の「国際標準」、後者はそれから著しく外れた特殊日本的政策である。

このような自民党農政は、米価下落にあえぐ農業者の反発をかい、農村の自民党離れを引き起こし、政権交代の大きな要因になった。代わって登場した民主党農政は、自民党農政を「国内農業の体質強化を急ぐあまり、対象を一部の農業者に重点化して集中的に実施するという手法を採用していた」（２０１０年食料・農業・農村基本計画）と批判し、米戸別所得補償政策により全ての販売農家を対象とする政策に切り替えた。つまり自民党政策の第二の面を切り捨て、第一の面については米を優先した。価格引き下げ等の影響は全ての販売農家が被る。従ってそれを補償する政策は全ての販売農家に対してなされるべきことはいうまでもなく、それが直接支払い政策の「国際標準」でもあり、そこまでは民主党農政に分があった。

しかし民主党農政は大きな矛盾をはらんでいた。第一に、ＥＵの直接支払い政策は、国家機関が買い上げる際の保証価格を引き下げる代償（compensate）として講じられているが、民主党は国家による買い上げやそれに伴う価格支持政策を頑なに拒否する。最低価格保障政策を伴わない直接支払い政策は、国際標準のそれとは似て非なるものである。

第二に、その点の含蓄でもあるが、２０１０年秋からの菅改造内閣は、にわかに「開国と農業再生」の両立をうたい、ＴＰＰ参加協議のために「国内改革を先行的に推進する」として、「農業構造改革推進本部」の立ち上げを決めた。さすがに看板は「食と農林水産業の再生実現会議」に改めたものの、内容的には小泉・構造改革路線への回帰である。つまり直接支払い政策は関税撤廃という究極の自由化政策のたんなる受け皿でしかなかった。しかも受け皿として十分な財政的裏付けを欠いたままで。

第三に、民主党は、全販売農家対象の政策を採るに当たって、「兼業農家や小規模経営を含む意欲あるすべての農業者が将来に渡って農業を継続」できるようにするとしていたが、それは土地利用型農業についてもそうなのか、それとも非土地利用型農業についてなのか曖昧である。前者ならば、「効率的かつ安定的な農業経営がより多く確保されることを目指す」、「認定農業者制度の活用を推進」という基本計画のもう一方の叙述と矛盾する。非土地利用型農業についてなら、言わずもがなのことで、政策的争点にもならない。

要するに自民党農政を選別政策の誤りとすれば、民主党農政にはそもそも確固たる担い手育成政策がない。

かくして、「担い手」とは何か、「担い手育成政策」としての構造政策はどうあるべきか、それは選別政策以外にはあり得ないのか、が問われる。(1) 本書はそれを先験的にではなく、実態のなかに探ろうとするものである。

担い手とは何か

このような混乱が生じる一因は、そもそも「担い手」という言葉自体が極めて多義的かつ特殊日本的だからである。(2)

すでに1961年の農業基本法の前文にも「農業従事者は、このような農業のにない手として、幾多の困苦に堪えつつ」という文言がある。しかしここには「農業従事者」という以上の特別の意味は込められていない。新基本法を用意した1992年の「新しい食料・農業・農村政策」（「新政策」）も、その要約版で「農業経営を担う者」という言葉を用いているが、その英訳はcore farmerであり、要するに「中核農家」である。

このような「にない手」「担う」の一般的用法に対して、こと日本の農業・農政では、後述するようにそこに固有の意味を込めた使われ方がされるようになった。本書が注目するのはこちらである。そもそも英語には「担い手」にピタリあてはまる言葉がない。bearは日本語と同じ「運ぶ」「（費用・責任などを）引き受ける。負担する」などの意味だが、bearerとなると「運搬人」になってしまう。

農業分野における日本語の「担い手」の語源は、ドイツ語の「トレーガー」にある。すなわち後述するように「生産力担当層」「生産力のトレーガー」（綿谷赳夫）などという使われ方である。「自己責任」などという言葉もはやったが、「担う」とは、個人や個別経営の「自己責任」で完結するものではなく、社会的な何か、社会的な責任を引き受けることであり、そういう社会的責任を担う者を「担い手」と呼ぶといえよう。

経済学の始まった英語圏では、A・スミスがいうように、個人が利益の追求に勤しむことが、「見えざる手」としての市場メカニズムを通じて社会的厚生を高めることに結果した。私益のために、売れる商品を安く生産することがそのまま社会的分業・生産力の担い手たり得るのであり、個と担い手は予定調和していたのである。そこでは特別に「担い手」を云々する必要はなかった。

それに対してドイツ語のトレーガー、日本語の「担い手」は、個人の利害よりも全体（国）の利害を優先する旧全体主義（ファシズム）の国になじむ言葉だった。

かといって「担い手」をファシズム用語だというつもりはない。ビール好きがすべてナチスともいえないだろう（1939年ビール法）。「担い手」は、第一に、市場メカニズムによる社会的分業の事後的成立だけでは処理できない社会的課題に関わること、第二に、それは担うべき社会的課題とともに歴史的に変化すること、の二点を確認したい。

しかし「担い手」という言葉には、「社会のために」が昂じて「お国のために」になる毒も秘められている。青年農業者から「自分は自分のために経営しているので、担い手といわれるのは迷惑だ」という反発を聞いたこともある。それはそれで正常な感覚である。

生産力のトレーガー

前述のように「生産力担当層」「生産力のトレーガー」を戦前から戦後にかけて追求したのは綿谷赳夫だった(3)。彼は明治時代の生産力担当層は雇用依存の地主手作型ないしは自作地主型自作大農だったが、それは折からの明治農法の適正規模（中農）からは乖離していたとした。しかるに大正昭和期には土地生産性向上と労働生産性向上を並進させる自小作中農が生産力担当層になってきたとして、その延長上に農地改革を位置づけた。そこでは社会的課題は地主制支配下での食糧増産であり、そのための生産力発展であり、それを担うのが「生産力担当層」だった。そして生産力発展が地主制という生産関係の破砕につながるものとして、生産力担当層は密かに社会的変革、歴史的進歩の「担い手」と位置づけられた。

その綿谷は、農民の家族労働の社会的評価の本格化は昭和30年代以降としたが、しかしそこでも「資本主義的生産関係はついに開花しないのではないか」として、後に「生産力のトレーガーがなかなか見いだし得ない」とした（１９７０年）。より巨大な工業生産力に圧殺されたわけである。

その綿谷が見失った赤い糸を拾い上げ、高度経済成長がもたらす「矛盾を前進的に統合していく主体が確実に形成されつつある」（１９７６年）として、「小企業農」論、「農業生産者組織」論を打ち出したのが梶井功だった[4]。「小企業農」とは、標準的賃金と利潤という企業経営的な基準で自らを律しようとする者であり、その彼らも戦後の家父長制的原理の崩壊の下で、家族労働力の統括力を失い、配偶者・後継者等との家族協業を組めず、ワンマン・ファーム化した。そういうワンマン同士が、家族協業に代わって組作業を行なう農業生産者組織を組織し、それを自らの存立条件とするという立論である。これはなお「生産力担当層」の発想をひきずったものだが、それが個別経営としては完結し得ず、「生産者組織」という一定の社会的拡がりにおいて捉えられているのが新たな特徴である。綿谷もまた研究の重点を生産組織論に移していった。

「生産力担当層」論、「小企業農」論は、戦後農業経済理論のひとつの到達点だった。以降、そのような「法則化的認識」（マルクス）は不可能になってくる。「担い手」論、さらには「多様な担い手」

論はまさにそのような状況下に登場する。そこでは「個性化的認識」（M・ウェーバー）あるいは「課題化的認識」（上原専禄）が必要とされるようになる。(5)

高度経済成長と中核的担い手論

農業・農政は「担い手」をどう扱ってきたか。農業基本法は、家族労働力を年間就農させられる経営規模をもち、他産業と所得均衡する「自立経営の育成」をもって「公共の福祉」とした。自立経営のイメージは先のA・スミス的な市場社会のそれであろう。

それに対して「担い手」が最初に政策用語として登場するのは、高度経済成長の末期、総合農政への移行期の頃である。すなわち総合農政を打ち出した1969年の農政審議会答申は「自立経営農家が農業の中核的担い手として着実に発展」することを唱った。つまり、〈自立経営→中核農家〉という発展論と、〈中核農家＝担い手〉論のミックスである。73年の農業白書も「自立経営と中核的な生産の担い手」という並立的な形で項をおこした。

このような転換が起こった1970年前後は、日本が二度の高度経済成長を通じて「経済大国」にのし上がっていく時だったが、農業・農家についてみると、高度成長の地方波及を通じて全国津々浦々まで雇われ兼業化が拡がり、それまでの農閑期日雇い・出稼ぎ的な形から進出企業等の通年雇用的な兼業への深化が起こり、総兼業農家時代に突入した。

そのなかで多くの農家にとって、これまでの自己完結的な家族農業経営が維持しがたくなり、「経営の外部依存」が広範に起こるようになった。すなわち作業委託、経営委託、いわゆるやみ小作、あるいは集団栽培、生産組織化、地域営農集団の形成といった事態である。そうなると、外部委託せざるを得なくなったそれら周辺農家の中核として、その受け手となる農家、あるいは組織化の中核になる農家が必要になってくる。このような外部依存性を強めた周辺農家との関係性で「中核農家」という概念が生まれ、中核農家＝担い手という「中核的担い手」論になったわけである。

もちろん作業受委託は農作業の分割・商品化であり、組織化も「市場の内部化」として市場社会の枠組みで位置づけられないこともないが、その市場は著しく範囲を限定されており、そういう狭域的な農村の社会的ニーズに応えるものとして「担い手」といえた。

同時に農作業の分割・外部化は、たんなる「中核的担い手」＝「農業経営の担い手」のみならず、土日・朝晩の機械作業ならできる「機械作業の担い手」、水・畦畔管理なら若い者に負けずに担える「地域資源管理の担い手」等を生み出すことになる。つまり農家単位で完結性を失った農業経営の各分節を地域単位で再編・統合する必要が生じる。こうして「担い手」が「中核」のみならず「周辺」にも分担されるようになり、「担い手」とは「**地域農業の担い手**」であることが次第に明確になってくる。それは、折からの米過剰に対する地域ぐるみの集団転作や、作業受委託から賃貸借への移行、あるいは生産組織の増大という事態のなかで現実味を帯び、地域農業論や地域農政が語られるようになる。

また米過剰という事態は、食料増産期の「生産力のトレーガー」の、その「生産力」のあり方自体を問うことになった。

グローバリゼーションと多様な担い手論

１９８０年代後半以降のグローバリゼーション期には、牛肉・オレンジ・同果汁の自由化に続いて米まで自由化をせまられるようになり、円高化による内外価格差の拡大は農産物輸入を急増させた。国境が低められてボーダーレス化し、グローバル化が地域を直撃するようになる。その下で、バブル景気による東京一極集中の対極として、地方では人口の自然減（出生数＜死亡数）という「第二の過疎」が強まるようになる。こうして家族農業経営の自己完結性の崩壊のみならず、「むら」・農村社会そのものの存続が脅かされるようになった(6)。

そのなかで、それまでの生産（者）組織・営農集団といった有志による機能集団的なものに対して、地域ぐるみ、集落ぐるみの集落営農が台頭するようになる。農村・地域生活としても、地産地消、直売所、食育、グリーンツーリズム、食文化、農村文化など多様な担い手が必要とされ、過疎化が極まるなかで、生まれ在所に生き抜き、そこに骨を埋めること自体が「むら」社会の担い手になるなど、様々な担い手が必要になってきた。「多様な担い手」論は、このような事態を背景にしたものである。これが「多様な担い手」の第一の意味である。

中核的担い手は、自立経営の延長で、それに周辺農家との関係性を付加した、それ自体としては個別農家色彩が強いのに対して、「多様な担い手」論は、農村地域社会、定住条件そのものが崩壊しかねない状況下で、農村に住む全ての人びとが、それぞれの持ち味を活かして地域・「むら」のなかにしかるべきポジションを見出して、そのポジションの「担い手」になっていくものといえる。「公共性」をわかりやすく「みんなのため」とすれば、「公共性の担い手」ともいえる。

しかし、グローバリゼーションはもう一つの新自由主義的な反応を生み出す。それが前述の1992年の「新政策」である。すなわち同政策は、①家族を個人に分解し、個人の集合体としての経営体を考える、②そのうえで個人の生涯所得均衡という「新たな指標の下での自立経営であること」を明らかにするため、経営体という新しい概念を用い」「経営感覚に優れた効率的・安定的な経営体」を育成する。③経営体は個別経営体と組織経営体からなる。後者は「実質的に法人格を有する経営体に準じた一体性及び独立性を有する組織」である（「独立性」とは地域や地権者からの独立だろう）。④このような観点から法人の重視、農業生産法人の要件緩和、農事組合法人から有限会社への転換、「農業生産法人の一形態としての株式会社の農地取得をニュートラルな立場から検討していく必要」があるとする。要するに中核的担い手論から新「自立経営」への先祖返りである。

グローバリゼーションは一面では家族、地域、共同体等の「まとまっているもの」を個・私に解体し、「ばらけ」させ、裸の自由競争に投げ込む。新政策の「個人」の強調も、個の自立というよりその延長上にある。折からの米の自由化を先取り前提して、そこでのグローバル競争に立ち向かう「経営体」の確立である。

この新政策の「効率的・安定的な経営体」の育成という目的を法律化したのが1993年の農業経

営基盤強化促進法である。そこでは市町村から「農業経営改善計画」の認定を受けたいわゆる「認定農業者」を「効率的かつ安定的経営」たらしめるために利用権の設定等を行なうこととされた。「食料・農業・農村基本法」（1999年）は、その名前からして「新政策」の延長上にあり、そこでは家族経営と協業は切り離され、前者は「効率的かつ安定的経営」とその法人化、後者は中山間地域等にあって「集落を基礎とした農業者の組織」の活動を促進するものとされ、もはや農業基本法におけるような対等・並進の関係ではない。

さらに「今日の農業政策の世界では、経営体の規模要件を満たすなど、地域の農業の牽引役となる生産者を担い手とよぶことが多いが、この意味での担い手という表現が定着したのも、2004年に実施された生産調整改革のプロセス」とされる。[(7)]これは「効率的かつ安定的経営」の目標の半分の規模（府県で個別4ha、集落営農20ha）以上の層に政策対象を限定した「米政策改革」を指し、その延長上に自民党の選別的な品目横断的政策が位置づけられる。

行政が認定農業者というお墨付きを与えた者が地域農業を「牽引」していくのか、地域が認めた者が地域農業を「担う」のか。利用権の設定を受ける等の意味では同じ者だが、その位置づけは著しく異なる。グローバリゼーションはそれへの対応と対抗の二つの「担い手像」をもたらしたといえる。

農業経営の担い手

だが「多様な担い手」論が、「担い手」の幅を拡げることで、あいまいにしていった面もある。そこで改めて農業経営の担い手に絞って整理する必要がある。

農業の形は大きく分ければ、広い面積の土壌を利用して営まれる「農耕」としての土地利用型農業と、比較的狭い面積でも行なえる集約的な農業（果樹園芸作）や有機農業、直売所向け農業、都市農業、高齢農業、兼業農業、主婦農業等の「園芸」的な非土地利用型農業に分けられる。どの農業形態にも、それなりに「規模の経済」（規模拡大すれば生産効率が高まる）が働くが、非土地利用型農業ではその程度は小さく、またそもそも量的な生産効率のみを目的とせず、農産物の使用価値としての質を大切にするコンセプトの農業も多い。

それに対して土地利用型農業（米麦大豆等の穀作や土地利用型畜産）では土地面積による「規模の経済」効果がより大きく働く。

このようにファームサイズの重要度に応じて、農業経営を土地利用型と非土地利用型に分け、それぞれの担い手を考える必要がある。これが「多様な担い手」の第二の意味である。

しかし土地利用型農業をとってみても、そこには「多様な担い手」がいる。「規模の経済」の追求の仕方の違いともいえる。一例をあげれば個別家族経営か協業かで対応が分かれる。それが本書で追求したい点であり、「多様な担い手」の第三の意味である。

一口に「多様な担い手」といっても、このように三つに分けて論じないと、議論が混乱し、政策的にも悪影響を及ぼすことになる。

以上を図示すると図表序－1のようになる。本シリーズの諸巻が多く取り上げる「担い手」は「多

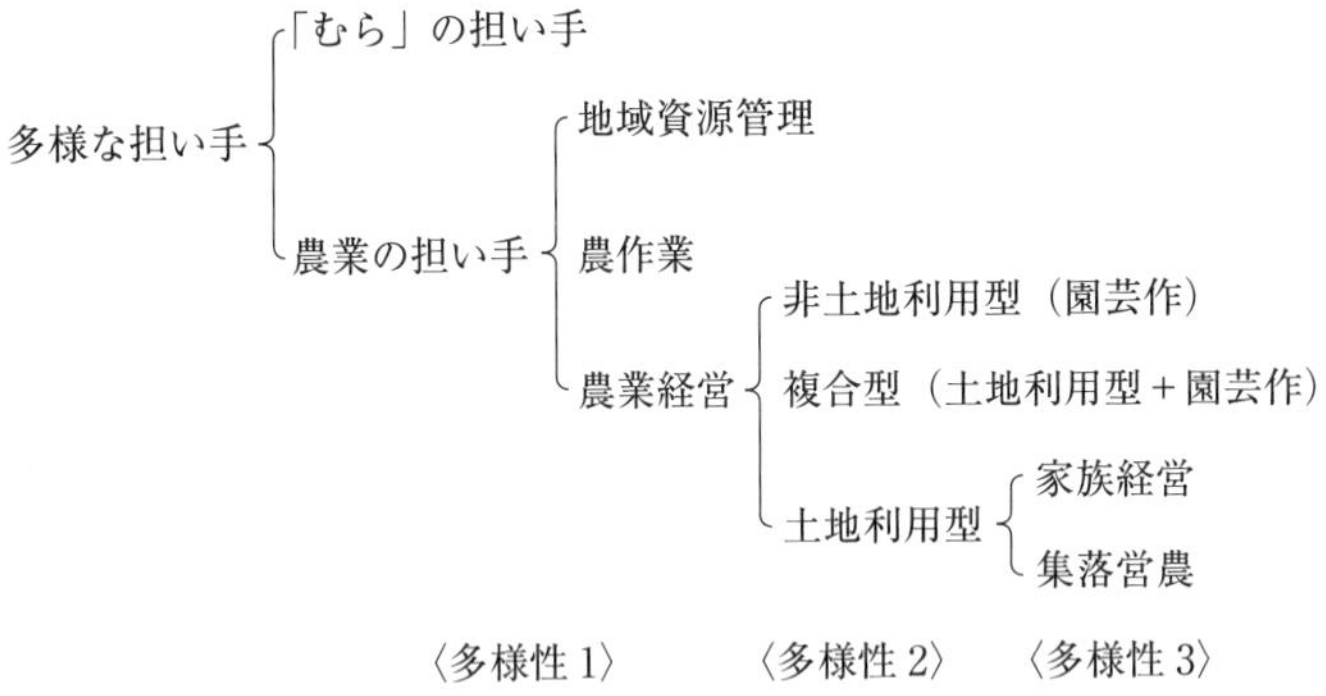

図表序−1　多様な担い手

様性1」や「多様性2」のレベルのそれといえる。そこで本巻では「多様性3」のレベルに焦点を絞ることにする。

2　求められる構造政策

構造政策とは何か

「構造政策」とは高度経済成長期に登場した言葉で、農業基本法の第4章は「農業構造の改善等」とされている。その中味が結果的に構造政策ということになろう。すなわち、①自立経営の育成、②相続による細分化防止、③協業の助長、④農地移動の円滑化、⑤教育の充実、⑥就業機会の増大、⑦農業構造改善事業の助成等である。

そもそも「農業構造」とは何かが問題だが、立案責任者である小倉武一は「零細耕作の農業構造」としている[8]。要するに零細農耕のために生産性があがらず所得均衡を果たせないことが構造問題＝農業問題であり、零細農耕を改めることが構造政策ということになる。

その点から先の7つの政策を顧みると、①は目標の設定であり、②については結果的に相続による細分化はあまり生じなかった。③は後述するように最も具体的に書き込まれている。④は実効性のなかった農協への農地信託に矮小化。⑤は後継者養成等のための教育だが、新規就農等への具体的助成策を欠く。⑥は農村地域工業導入、社会保障の拡充による離農促進。⑦は生産基盤や近代化施設などの整備で、これが予算的にも突出した。

要するに物的条件整備としては⑦の構造改善事業、社会構造的なそれとしては③の協業で、後者は1962年に農業生産法人制度が設けられるなどの点でも具体化した。(9) そしてかろうじて⑥の兼業化やリタイア促進という搦め手政策（農村地域工業導入促進、農業者年金）が主だといえる。

つまり「構造政策」のかけ声の割には、③を除き周辺的なものにとどまった。その原因として為政者の念頭には、「農地法が障害」だがそれを口にできないという事情もあっただろう。そこで1960年代半ばには、国の機関が農地の先買権を有し、取得農地を自立経営をめざす農家に売り渡す農地管理事業団構想が打ち出されたが、社会党、共産党等の「貧農切り捨て」という反対により潰れた。当時なお農地保有は生存権的な意義を有していたが、何も農地を取り上げようというものではなかった。

しかし日本の農地は「いえ」所有であり、その売買に当たっては「いえ」関係（本分家・同族関係等）のしがらみがあったから、その面で事業団構想は現実性を欠き、さらに折からの第二次高度成長の地方波及に伴う地価高騰が重なった。

とはいえ、供給された農地を方向づけること自体は構造政策として正当である。それが挫折してからの構造政策は、所有権移転から賃貸借（利用権）への移行という事態のなかで、所有権については事業団構想を県公社という非権力的な民法法人に矮小化しつつ、農地保有合理化事業で対応し、賃貸借については専ら農地をいかに貸し出させるかに集中した。いわゆる農地流動化政策である。冒頭に述べた21世紀に入っての選別政策もその延長上に発想されている。

だが農地はその機が熟せば自ずと供給されるべくして供給されるものであり、それまではいくら政策的にドライブをかけても反発を招くだけである。旅人のマントをぬがすに北風をもってするようなものである。つまり農業構造は構造政策がいくら変えようとしても、社会経済構造（経済政策総体）そのものが変わらない限り、変わるものではない。その意味で日本の構造政策は失敗だった。だからといって構造政策が必要でないわけではない。問題は「北風」ではないような構造政策の仕組み方である。

求められる構造政策

追い出し政策としての選別政策、そのための構造政策は必要でもなければ効果的でもない。しかし土地利用型農業に規模の経済が働く以上は、それを促進する政策は経済合理的であり、国民の利害からみても必要である。

規模拡大というと、構造改革路線とどこが違うのかと問われるだろう。構造改革路線は、自由化に備えて国際競争力をつけるための政策である。小泉構造改革時代に続いて、TPPのための構造改革、東日本大震災便乗的な構造改革が始まろうとしている。しかし日本農業がいくら規模拡大しても米豪等の新大陸型農業に、規模拡大・低コスト化で対抗するのは不可能である。

では、そもそも何のための構造政策か。日本の消費者は今、格差社会の強まり、非正規労働力化、総賃金所得減のなかで食料についても低価格志向に追い詰められ、食単価を落として、ともすれば安い輸入品を選択しがちである。このような低価格志向に便乗して国際的に多国籍アグリビジネスや大規模流通資本、スーパーマーケット・チェーンが価格訴求力を発揮している。

このような厳しい状況下にありながら、消費者はただ安ければいいというのではなく、同時に新鮮・安全・健康な食料を求めている。残念ながら格差社会化に応じて低価格と高品質という「食の二極化」現象が起こっているが、巨大なチャネル・キャプテンに対して国の力や協同の力で対抗しつつ、農業者が「健康で安全で栄養価の高い」農産物を少しでも安く提供することは欠かせない。

また今日では高齢化や農業採算の悪化から耕作放棄地化が後をたたず、農業者がそれをカバーできなければ、それを大義名分として企業が資金力にものを言わせて農業に進出する事態が、平成不況や2009年の農地法改正を受けてにわかに高まっている。今のところは利用権の取得しかできないが、株式会社農業が量的に増えて、その営農が一定の時間を経れば、次は所有権取得を要求するのは必定である。利用権は農業生産手段の取得にとどまるが、所有権は金融資産の取得でもあり、農業はますます外部経済に翻弄されることになる。それを防ぐにも土地利用型農業の担い手育成が求められる。

菅直人前首相は、ことあるごとに農業就業人口の平均年齢が65・8歳になったことをもって、（TPPがなくても）日本農業は5年、10年で滅びるかのように言い、メディアも追随した。日本の高齢農業者は彼が考えるよりはよほど元気だが、確かに65・8歳という数字は、日本農業が最終的な世代交代期に入っていることを示す。その意味ではスムーズな世代交代が必須である。世代交代には、個々の経営としての後継者対策と地域農業としての新陳代謝（新規就農者の受け入れ）が欠かせない。

フランス等では、構造政策を追求しつつ、それにより農村人口が減ることに対して新規就農者対策をきちんと講じてカバーしようとし、そのために青年就農者に助成金を支払い、他方で早期リタイアにも手厚い年金措置等を講じている。翻って日本の構造政策をみると、先（26ページ）の⑤の後継者対策も「教育」だけしかないという決定的な欠陥をもつ。⑥の年金も構造政策としての上乗せ年金で額が限られており、メリットの乏しさから脱退が相次いでいる。かくして残るのは追い出し政策しかない。

それに対して新規就農者を含む担い手育成政策、その担い手に農地利用を集積する構造政策が欠かせない。それはくり返すが、農家から農地をとりあげて規模拡大農家に集積する形の農地流動化政策ではない。そのような政策が繰り返し出されてきたが、ことごとく失敗した。平均年齢65・8歳という事実は、そういう無効な政策に血道をあげなくても、農地は自ずと供給されることを意味しており、課題は提供された農地をどう方向づけるかという農地保有合理化政策である。

構造政策の二つの道

このような構造政策の経路として、農業基本法以来の日本農政は二筋の道を用意してきた。それを農業基本法の言葉でいうと、「家族経営の発展と自立経営の育成」と「協業の助長」の二つである。その解釈をめぐって、二つは並立関係であるとするのと、自立経営になりがたい経営は協業でという補完関係にたつという二説があったが、家族農業経営を農業本来の姿だとすれば、補完関係ととるのが現実的だろう。いずれにせよ、協業は生産工程の一部の協業と全生産工程を協業する協業経営に分かれる。当初は社会党流の共同経営が各地で追求されたが、その無理からほとんどが破綻し、その後はより柔軟な協業形態が追求されるようになった。

構造政策というと、ともすれば前者の個別経営の規模拡大だけが関係者に意識されがちだが、農業基本法以来の農政は常に二つの道を用意してきたことを見逃してはならない(10)。とくに協業化の道は、共同田植え、集団栽培、生産組織、地域営農集団等、その時々の状況に応じていろいろな形が編み出されたが、今日では地域ぐるみの取組みとしての集落営農（法人）に収れんされているといえる。家族経営擁護のあまり協業組織を家族経営の対立物とみる見解もあるが、個別には維持しがたくなった家族経営をみんなの力で維持していこうというのが集落営農の出発点である。

3　本書のねらい

本書の対象

本書では、以上の観点から、個別経営の規模拡大と集落営農（法人）化を気持ちとしては等分にみていく。

第Ⅰ部は、各地域の集落営農等の事例をピンポイント的にとりあげたものである。その事例がどれだけ地域普遍性をもつかといった検証はしていないが、結果的には各地域の農業構造をそれなりに反映した事例の報告になっていると思う。農業生産法人形態をとらない株式会社企業等のストレートな進出事例等もとりあげて吟味する必要があるが、なお時期尚早の感があるので他日をまちたい。

第Ⅱ部は、平坦水田農村を西日本、中部日本、東日本から各1地域ずつ選び、そこでの地域農業支援システムのあり方、集落営農、個別の担い手経営の三者の絡み合いを述べることとした。なお取り上げた島根、長野、青森の地域事例が、それぞれの農業地域の典型を示すわけでは必ずしもない。

第Ⅰ部を「点」とすれば、第Ⅱ部は「面」といきたいところだが、点の寄せ集めに過ぎないかもしれない。面としては直売所農業的な「多様な担い手」との関係にも及ぶべきで、その調査もしているものの、叙述にはおよばなかった。第Ⅰ部では集落営農的な取組みが中心になるが、第Ⅱ部では地域における個別経営と集落営農のそれぞれの動きとその関係を見つめたい。

構造展開の「場」

日本の水田農業は、ヨーロッパと同じ意味での個別経営としての農業ではない。個別経営が農業集落（むら）との密接な関係のなかで営まれる「むら」農業である。そこで農業構造や構造政策といった場合、その「場・エリア」がとりわけ重要になる。

農家の人びとが集落営農など農業上の協同行為をするためのエリアは、村びとによって自ずと決まっている。その範囲は概ね、農業集落（「むら」「字」）の範囲、「むらの土地はむらで守ろう」といったときの「むら」の範囲、道普請、川ざらえ等の集合範囲、正月に人びとが同じ神社に集まる範囲（氏子の範囲）である。

この「むら」を基礎単位として、農村には、藩政村（大字、17世紀末に6.3万）、明治合併村、昭和合併村等の歴史的に重層的に積み重ねられてきた村落共同体（村、そん）の範囲がある。集落営農等の取組みや農地移動の範囲も、農業集落（むら共同体）を基礎単位としているが、地域によっては、はじめから稼働面積や人材確保の点からより大きな範域（行政村共同体）を選んだり、あるいは取組み範囲を「むら」から「村」に拡大している事例もある。本書では、どのような歴史的範域を土台に取り組まれてきたかを意識的に追求するようにしている。

地域農業の担い手の育成が最大の課題だとすれば、地域のことは地域に任せたほうがいい。地域では広域合併で弱体化した地域農政の人的資源を糾合して協働しようという動きが、ワンフロア化、ワンストップ化、地域農業支援センター化として具体化してきた。本書では、各章節で可能な限り各地域における支援システムに触れるようにした。

本書の叙述

本書はあくまで実態報告である。たんなる「聞き書き」といってもよい。従って統計の援用・突き合わせは最小限しか行なっていない。「聞き書き」を脈絡なくだらだらと記述したのでは印象に残らないので、各事例については、事例の活動範域、組織や経営の生い立ち、構成員・リーダー・オペレーター、作付け、農地保有、経営結果、政策・地域との関係等の順で述べるようにした。また第Ⅱ部は各章ごとの「まとめ」を付した。終章は全体の比較・総括になるが、なるべく「まとめ」との重複を避けた。

各事例の末尾に調査年月を記し、関係者の年齢等は調査年のそれとした。

経営結果については、組織であれば損益計算データをいただいているが、あまり細かく触れることは避けた。役員の報酬についても具体的な金額の記述をさけたケースもある。

またすでにメディア等に実名で登場している方については実名を出させていただいたが、そうでない場合はA、B、C、と記号化した。重複する場合もあるので、「どこどこのAさん」と心得ていただきたい。

注

（1）以下、本章全体について、拙著『反ＴＰＰの農業再建論』２０１１年、筑波書房、第7章を参照。

（2）担い手論をめぐっては、食料・農業政策研究センター編『日本農政を見直す』（1994年、農文協）のCセッション（農業の担い手論）における大内力、小田切徳美、筆者の発言、拙編『日本農業の主体形成』2004年、筑波書房、序章（拙稿）を参照。
（3）綿谷赳夫著作集刊行委員会編『綿谷赳夫著作集　第1巻　農民層の分解』1979年、農林統計協会、所収の諸論文を参照。
（4）『梶井功著作集　第3巻　小企業農の存立条件』1987年、筑波書房（原著は1973年）。
（5）法則化的認識、個性化的認識、課題化的認識については拙著『農業・協同・公共性』2008年、筑波書房、第2章。
（6）小田切徳美氏はこれを、人、土地、むら、誇りの空洞化と表現する。同『農山村再生』2009年、岩波ブックレット、等。
（7）生源寺眞一『日本農業の真実』2011年、ちくま新書、131〜132ページ。
（8）小倉武一『日本の農政』1965年、岩波新書。
（9）拙著『集落営農と農業生産法人』2006年、筑波書房、序章。
（10）個別経営と協業の二つの道の理解は通説的なものだが、農業基本法の立案者である小倉武一自身がどちらに力点を置いていたかは微妙である。結論的には、農協法立案過程でGHQの流通農協論と対立した日本側の生産農協論（農事実行組合）に淵源しつつ（梶井功「故小倉武一前代表幹事の協同農業論」小倉武一記念協同農業研究会編『記念会報─協同農業研究の20年』2006年）、農業基本法の所有権による規模拡大路線の早期挫折を通じて「協同農業」への傾斜が決定的になったのではないか。

第Ⅰ部

個別事例

第1章　西日本の事例

1　同心円的なネットワーク農業——佐賀平坦

はじめに

佐賀平野は昔から特有の農業展開で注目されてきた。戦前には地主制下で自作地に小作地を借り足していく生産力担当層としての中農の前進という「自小作前進論」が検出された。戦後の高度成長期には集団栽培等による稲作の反収増で「新佐賀段階」が注目された。

他方で、他地域より上層農が少なく、それはほ場整備の遅れが原因だとされたが、それには疑問がある。佐賀平野は自作農意識が非常に強いところで、旧干拓地ということもあり農地売買が盛んだった。また戦後には水田酪農に取り組み、1970年代からはイチゴ等の集約作に取り組むなど、複合経営化に力を入れてきたのが自作中農の多い原因である(1)。

同時に県農政や農協の取組みが強いところで、新佐賀段階もその成果といえる。農協は1県1農協をめざし、2007年には8農協が合併し「JAさが」になった。組合員数8.3万（うち正組合員3.9万）のマンモス農協化であるが、旧単協ごとに8統括支所が置かれ、常務理事がそれぞれ張り付くとともに、その下に支所が置かれ、しっかりと営農指導しているようにみうけられた。

遅れているとされたほ場整備も今日では整備率約80％に達している。農協は生産調整が始まった1971年から、農家自らが運営する共同乾燥調製施設の建設に取り組み、今日では県内にはカントリー30、ライスセンター110、大豆専用の施設3、米麦・大豆兼用7等の計11施設があり、大規模な大豆転作のブロックローテーション（大豆を3年に1回栽培、以下「BR」とする）に取り組んでいる。加えて昔からの米麦二毛作地帯であり、2009年の耕地利用率は県平均で144％、平野部で170～180％に達する。

水田では以前からイチゴ、ナス、アスパラ、タマネギ、花卉等が栽培されており、他方で地球温暖化の影響が稲作に現われつつあることもあり、大豆転作等が進んでいるところから、自民党農政下で、生産調整の県内での平場と中山間の調整とともに、新潟県との県間調整にも取り組んできた。2009年度では県内250t、県間8580tの調整を行ない、それは県への米生産数量配分の5.8％程度に当たる。その代わり、大豆転作は09年産8710haに及び、大豆収穫量は府県ではトップになる。大豆は契約生産で豆腐原料に使われる。

２００９年の品目横断的政策の、07年作付面積に対するカバー率も、麦・大豆は１００％、米は61％に達している。そこに政権交代による農政転換が起こったわけだが、大きな問題が二つあった。第一は、産地確立交付金が10ａ当たり５万円程度だったのが、新政策で３万５０００円に減らされ、激変緩和措置も、佐賀は二毛作助成（１万５０００円）があるということで、少額にとどまる。実は同じ田んぼの水稲作と転作と裏作麦の生産者（交付金の受領者）が異なるケースが多いので、個別に見れば二毛作助成で転作の交付金減がカバーされるわけではない。第二は先の県間調整で、自公政権では県間調整追加支援10ａ当たり２万円があったが、新たな政策では仕組みは残されたものの追加支援は廃止された。その影響が懸念されたが、10年３月段階ではＪＡさがとＪＡ魚沼みなみとの単協間調整１３００ｔが、新潟側が拠出金10ａ当たり３万５０００円を支払う（米戸別所得補償の１万５０００円を差し引けば２万円の純負担）かたちで合意され、他の農協も続くようで、壊滅にはならなかったが、後退は否めない。(2) 以下では三つの異なる事例を紹介する。

（１）旧東与賀町中村営農組合（農業集落単位）

旧東与賀《よが》町（現佐賀市）の真ん中に位置する農家33戸、水田80haほどの農業集落である。裏作麦の期間借地の利用権設定はある程度進んでいるが、米、そして裏作麦も高齢者も含めて自作でがんばっており、また９戸ほどが専業農家としてイチゴ、ナス、アスパラ等の集約作に取り組んでいる。

組合の役員3名も、1名の定年後に専業になった者も含めて、複合経営農家である。後継者（といっても50代まで含めてであるが）も20戸が有している。平均2ha強の農家が複合経営等でがんばっているわけである。

同地区のほ場は73年頃までに平均30aに整備された。クリーク（干拓地の伝統的用排水路）を残しているので、非農家も含めて集落総出でクリーク等の「泥さらえ」を行なっている。1978年に第二次構造改善事業でライスセンター建設に取り組み（町で5つ）、農家の自主運営のため、ライスセンターに集落から6〜7名のオペレーターを出さねばならず、その人の「田んなかを誰がやるか」が問題となり、同年に集落で機械利用組合を組織することになった。米麦のコンバイン作業が主で、集落を4つの班に分けて取り組み、大豆転作は別に機械利用組合をつくり、農協からバインダーを借りて個別に作業していた。

2002年から町の水田農業確立協議会で町一円のBRに取り組むことになり、水稲作付田から10a当たり1万円を徴収して大豆転作に支払うとも補償の仕組みも取り入れられた。

06年に品目横断的政策の話が持ち上がり、個別4ha、集落営農20haという要件をクリアするために、ライスセンター200ha単位で取り組むか、集落単位で取り組むかが焦点になったが、話し合いの結果、24集落のうち半分で組織が立ち上げられることになった。5集落が集落単位、その他が2〜4集落単位で取り組むことになり、中村は機械利用組合があったから1集落での取組みになった。やり方としては、販売と種子・肥料代の一元化を行ない、実際の作業は前からの4班ごとに行ない、各班の独立採算制にしている。オペレーターも班ごとに確保し（4～5名）、時給はオペが1200円、その他作業が1000円（女性800円）である。

民主党農政下でも、とも補償を継続し、水稲面積から10ａ5000円を徴収して、大豆転作田には3万5000円と合わせて旧政策の産地確立交付金相当の5万円を補償するようにした。米戸別所得補償の1万5000円から5000円が拠出されたとも解釈できる措置であり、民主党農政が新機軸を打ち出したつもりでも、地域ではそれを組み替えて利害調整をしなければならない典型例である。

役員たちは「ブロックローテーション（ＢＲ）の維持は『力わざ』だ。水稲からの拠出がなければ成り立たない」という。結果的には交付手取りが1万5000円から1万円に減っても米作りのほうが有利ということで、拠出が認められ、ＢＲが維持された。

もともと3年一巡のＢＲは、全ての水田が3年に1回は転作をすることで公平性（転作負担の平等性）を担保する仕組みであるが、ＢＲの1期間の中間で政策変更されるとそのバランスが崩れてしまい、何らかの対応が求められたわけである。

中村営農組合は特定農業団体にもなっていないが、法人化については、政策の先の見通しがつくまでは見合わせることにしている。ただし法人化するとしたら集落単位では事務処理が困難で、カントリーのエリア一本でないと無理だとしている。

（2）西与賀地区営農組合（旧村単位）

西与賀地区は旧佐賀市に合併する前の町（明治合併村）で、２００６年に設立された西与賀地区営農組合は１１０戸、２３０haの全戸・全面積参加になっている。

経過は中村の場合と似ているので、副組合長Ａさん（46歳）の話のポイントのみを紹介すると、まずほ場整備が１９８２年から平成にかけて行なわれ、それを踏まえて１９８７年に西与賀町全体で一つの共乾施設をつくることになった。初めはカントリーという話もあったが、他地区がすでにつくっていたので面積要件を満たせず、町規模でのライスセンターの建設になった。

95年に町内８集落ごとに機械利用組合が県単事業で立ち上げられた。米麦用コンバインの導入を軸としたもので、必ずしも全戸参加ではなく、Ａさんの集落は13戸、37haであるが、Ａさんともう１戸は参加しなかった。

２００４年に西与賀地区全体のＢＲが農協の勧めで始まった。そして06年に品目横断的政策をにらんで西与賀地区一本の営農組合の立ち上げになった。その理由としては、品目横断的政策の面積要件を満たせない集落が出ること、その対策として集落を合併させる話もあったが、すでに西与賀一本でＢＲをしていること、などである。Ａさんは西与賀一本で組織化してよかったと述懐している。問題は事務担当者の確保で、８集落ごとだと８人確保しなければならないが、それが１人ですむ。役員は「40代の若手を」ということになり、結局はＡさんが引き受けさせられた。

営農組合としては米麦大豆の販売と経理の一本化をしているが、麦大豆は作業班でまとめて営農組合に申し込む、米は個人が直接に組合に申し込むかたちをとり、いずれも個人の積み上げである。作業は大豆は作業班をつくって取り組む。作業班は集落ごとであるが、二つに分けたところとAさんのように個人で1班があり、計10班である。作業班ごとにオペレーターを選んで時給800～1000円で行ない、作業班ごとの独立採算にしている。米麦は個別対応で、組合としての作業協同はなかった。

ここで注目されるのはAさんの対応である。Aさんは営農組合の実質的な責任者であるが、機械利用組合の時代から作業は個人である。Aさんの現在の経営面積は12ha（うち自作3.8ha）で、今年の作付けは水稲6.2ha、残りはBRの転作である。麦は期間借地も含めて18haの作付けである。通年借地の地代は10a1万9000円、期間借地は、耕起、肥料散布（肥料は相手持ち）して返す形である。また農地1.5haを3年前に購入している。10a100万～140万円で農地保有合理化事業を利用している。規模拡大の目標は20haで借地でいきたいと思っているが、作業班ができているためか思うように農地は出てこないという。Aさんとしては、目的に向かってやっていくので政策が変わるのは非常に困ると言う。とくに2010年度の米戸別所得補償モデル事業のように「今年だけ」と言われるのは、3年ローテーションで公平性を確保しようとしている地域としては困る。

また西与賀地区でも未整備地区は水稲を連作するので、とも補償制度を考える必要があるとしている。法人化も政策変更でトーンダウンであるが、Aさんは法人化は集落単位でないとだめだとしている（中村集落と対照的）。また個人としても40～50 haになれば法人化を考えるとしている。「今は機械利用組合も若い人たちがいるがいずれ老いる、そうなった時に負担が残った農家に全部かぶさってくるのがいちばん怖い」として、何らかの協業組織化の必要性を感じている。

（3）個別経営Bさん（川副町）

居住する広江は農家１００戸、６０ha程度の農業集落で、佐賀空港に近い。本人61歳、奥さん59歳、長男35歳、お嫁さん32歳にお孫さんの家族で、家族経営協定も結び、農業従事は3.5人としている。64歳で経営移譲の予定である。

現在は自作地３ha、小作地が水田７ha、畑（干拓地で雑種地扱い）7.6 haの計17・6 ha経営である。その他に期間借地1.4 haがある。水田は３カ所にまとまっており、畑は１区画１haになっている。Bさんは高卒後に派米研修２年を経験している。ちょうど生産調整が始まった頃に就農することになり、一時はハウスのメロン栽培20 aに5年ほど取り組むが、当時はほ場整備されてなく雨水が多いと割れが出るということで、先の干拓地における麦の期間借地による土地利用型の規模拡大に切り替える。

干拓地は漁家が空港建設に伴う補償として分けられたもので、現在は麦大豆を作付けし、小作料は10 a１万円である。家からは３㎞程度の距離で、クルマで5分である。水田の借入は集落の近辺の17戸からで、小作料は２万６０００円。Bさんとしては高いと思っており、農家同士のトラブルにもなるので、やはり小作料には「標準」が欲しいと思っている。また計画的に営農するため期間は10年にしている。米麦の価格下落、ビール会社の麦の選別強化から、7〜8年前から水田裏作としてタマネギ15haを入れた。

1973年にほ場整備が終わり、50〜60a区画になり、西川副地区400ha一本でのBRと集落営農が組織されている。カントリーを中心とした営農の取組みはBさんも推進者の一人であるが、本人は集落営農には参加していない。「入るとわが家の経営が成り立たなくなる」のが理由である。

農業収入は2700万円、うち交付金等が1200万円と4割以上を占める。「水田15haの目標はいちおうクリアした。あと1haぐらい購入したいが、今のところ何とか食える。政策の先行きが不安なので、これ以上の拡大は見合わせている。拡大すれば機械もいるし体を使うので雑になる。転作も割り当て分をこなすにとどめ、作付けを変える対応は考えない。政策がコロコロ変わるので、子どもに農業を継げという親は出てこないだろう」と言う。

（4）同心円的なネットワーク農業

以上をまとめると「同心円的なネットワーク農業」といえる。その外延は概ね明治合併村・平均200ha規模で、その核に共乾施設がある。これを土台に大豆転作を組み込んだ大規模BRや「とも補償」が仕組まれる。このハード（共乾施設）とソフト（BR）を重ねたエリアが地域農業の外枠である。

その下に機械を共同所有・利用する機械利用組合が農業集落（むら）単位に組織されるが、実際に協業するのはその下の「班」である。機械を個人所有できるＡさん、Ｂさんは「外枠」のリーダーを務めつつも作業は個別に行なう。外枠の共乾施設単位は非常に固い組織に見えるが、その内側はこのように柔軟に組み立てられている。

政策対応としての「集落営農」もまたこのような同心円組織の上に乗っかったものといえる。それはあくまで販売・経理の一元化の単位であり、そこで求められるのは事務処理能力である。その限りでは「ペーパー集落営農」だが、その内に班という協業単位をきちんと組み込んでいる点では立派な協業集落営農でもある。

協業単位としてみれば同心円の核は「班」だが、それは転作作業に限られ、本当の細胞核はやはり複合経営を営む家族経営ではないか。その家族経営が、このような地域農業の同心円的なネットワークの中に存在しているのが今日的な特徴である。

このようなネットワーク農業は、佐賀平野では、兼業化の波にのまれつつも、なお中小規模の複合経営や一部の規模拡大経営の形で農業労働力を有しているという家族経営の地域的等質性のうえに成りたっている。

（２０１０年２月）

2　集落営農法人連合（作業協同）――広島県北広島市

はじめに――広島県における集落営農法人の展開

中山間地域を多くかかえる広島県農政は、1978年から地域農業集団育成事業、89年から集落農場育成事業に取り組み、最近の集落営農の組織化に当たっても、任意組織から法人化へという農水省方式を採らず、はじめから集落営農法人をめざすというユニークな対応をとってきた。そのなかで個別の担い手経営がある程度存在している県央部では担い手経営と集落営農が連携する方式も追求されたが、都市近郊や中山間地域では地域ぐるみの集落営農法人化がめざされた[3]。

広島県の集落営農の取組みにはいくつかの特徴がみられる。一つは、多くの県・地域が総合農政・地域農政期から生産組織化に取り組んできたが、広島県はその先駆性と一貫性で光っている。二つは、県が県庁と普及組織を通じてイニシアティブをとってきたことである。三つ目は、地元の自覚はともかくとして、浄土真宗の安芸門徒としての結合が歴史的バックグラウンドをなしているように見受けられる。「講の現代版」としての集落営農である。最後に、多くの地域の集落営農が農業集落・「むら」を基盤としているのに対して、中山間地域の多い広島県の場合、農業集落の戸数や面積は小さく、大字（藩政村）や明治合併村（小学校区）単位の取組みが比較的多いことである。

さてこのような集落営農（法人化）の早くからの取組みは、新たな課題を実践的に提起することになる。それは組織の継続・継承性の問題である。それに対する端的な回答は「統合」だろうが、「むら」を基盤とした集落営農の「統合」は簡単ではないし、必ずしもベターとは言えない。そこで県下で現われだしたのが「連携」「連合」方式である。

そのような事例は旧大朝町（現北広島町）の大朝農産の事例が先駆的であるが[4]、ここでは東広島市の事例を取り上げる。県は法人の設立目標４１０を掲げ、２０１０年2月現在で１７５法人に達しているが、そのうち東広島市は17法人、10％を数える。県には集落法人連絡協議会が組織され、6支部ができているが、東広島市はその支部の一つでもある。まず二つの集落営農法人を取り上げた上で、それらの連合体の取組みを見る。

（1）農事組合法人・重兼農場

同法人は東広島市高屋町の大字重兼《しげかね》が基盤である。大字は藩政村で「講中」とも呼ばれ、現在は「区」になっているが、その中が上条・中条・下条に分かれ（現在はさらに「団地」が加わる）、農区も二つに分かれている。しかし昔から一つの農業集落としてまとまってきたようである。戸数58戸、農家38戸、20 haの集落である。重兼では、兼業化が進むなかで、１９６３年に親睦頼母子講、69年に老人会、78年に青年頼母子講、79年に若妻のひまわり会がつくられ、82年にはこれらを結集して「重兼を住みよくする会」が結成された。翌年からほ場整備推進委員会が立ち上げられ、87年から重兼土地改良区としてほ場整備に取り組み、農業生産組織研究会で戸別の機械保有調査をするなどして、88年に33戸で機械利用組合をつくり、翌年に県単事業の集落農場育成対策モデル事業を受けて農事組合法人を設立するに至った。事業要件が80％以上の農地集積ということもあり、「農家の決断を促すうえから、無謀とは感じたが『法人設立後の加入を認めない』として二者択一をせまった」（同農場資料）点が良くも悪くもユニークな点である。

２０１０年には21年目をむかえた組織であり、初代、二代の組合長は農業改良普及員、現在の三代目も県農政部ＯＢの本山基文さん（70歳）が務めている。筆者は１９９１年、２００３年、２０１０年と三回お訪ねしているが[5]、途中経過は省き現状を紹介する。

まず不在地主や耕作放棄が発生していた隣の扱和《こぎわ》山田集落（28戸、８ha）とともに98年に農用地利用改善団体をつくり、重兼農場が特定農業法人として同集落から利用権設定を受けることにし、現在は構成員30戸（重兼のみ）、28haの経営になっている。

協業の仕組みは、機械作業は農場オペレーター、水管理は所有ほ場に関係なく手挙げ方式で担当しており、現在は25名ぐらいが携わっている。畦畔管理は地権者が行ない、できない場合は農場が引き受けるが、今のところ重兼の者は全戸自分でやっている。水管理料10ａ当たり1万円、地代は畦畔管理とセットで2万５０００円、うち畦畔管理が1万円ということであるから、純地代は1万５０００円になる。設立当初からトータル３万６０００円でやってきたが、３年前に2万５０００円に下げた。

オペレーターは91年、03年、10年の推移を見ると、30代（３人→１→１）、40代（３→１→１）、50

代（5→4→3）、60代（4→4→4）、計（15→10→9）と変化している。

一般作業はオペレーターも含めて30名で（二世代で出るお宅もある）、当初は女性が多かったが、現在は男性がほとんどで、かつ高齢化している。時給はオペが1200円、一般作業が1000円である。

作付けは水稲22ha、転作5haで、水稲は昨年まではヒノヒカリの採種に取り組み、価格も1俵5000円高だったが、病害虫の発生で昨年からやめた。出荷は8割が農協、2割が縁故米である。農協から育苗を受託している関係もあり、資材も農協から購入している。転作は当初は大豆、次いでソバ、ここ数年は麦をやっている。

2009年度の経営収支は、米販売2200万円、苗売上げ900万円などで販売額は3300万円弱、助成金等が350万円、事業費・管理費は3500万円であるから、ほぼトントンである。01年度は米販売3000万円弱、苗売上げ60万円、助成金700万円強であったから、米代金と助成金の減を苗売上げでカバーしている状況である。品目横断的政策で麦の過去実績がなかったのが交付金の少なさとして響いている。01年の役員報酬は60万円だったが、現在は216万円に引き上げられている。

農場は内外との交流を活発に行なっており、当初から畑70aを74区画に分け、1区画6000円で34名ほどに貸している。借り手は団地の住民が多く、1年更新であるが、転勤で空きが出ると交代する。

生協ひろしまとは10年以上も交流し、さつまいも、丹波黒大豆のレクリエーション農園を開設している（生協側が植付けと収穫を行なう）。

中山間地域等直接支払いは、前述の扱和山田とともに1集落協定を結び、交付金の2分の1は集落に入り、農地・水・環境対策の交付金と合わせて非農家も含む地域ぐるみで、道路法面の草刈り、花壇管理等に使い、2分の1の耕作者分は農場の収入として、ため池、農道管理、イノシシ対策などに用いられている。

団地ができて非農家が増えるなかで、前述の「重兼を住みよくする会」を通じて相互理解に努めており、農場から会には活動費20万円の助成を行なっている。

農場は戸別所得補償制度には加入したが、農政については「見通しがつかないので全く身動きできず、新たな投資もできない。飼料用稲の交付金が高いからといって新しい機械を買って取り組み、1年でやめられたら終わりだ」ということで、民主党農政には引き続き麦で対応することにしている。

経営規模については労働力の関係から拡大は考えていない。農場は会社勤めの人は休日担当、定年帰農者が平日担当と考えており、その後継には60歳定年帰農をあてこんでいたが、それが65歳まで働くことになり、当てが外れた。今のところ年何日か休暇をとってもらって対応したいと考えている。

組合長は、「集落農場制の最大のネックはリーダーの確保だ」としている。「かつては構成員も自ら農業したり、親の農業を手伝った経験があり、明日からでも農業できた。農場の運営は15〜20名もいれば20年は回せる。しかし重兼農場のように20年以上たつと、家の農業の経験者が少なくなり、リーダーの確保が問題になる」というわけである。１９９１年当時は、農場に青年部をつくりオペレーターを養成すれば、専業オペ２～３名でこなせるという経営体自立の方向が考えられていた。現実にはそうはならず、集落ぐるみでの取組みが継続するなかで「20年目のネック」をむかえたわけである。

（２）農事組合法人・さだしげ

もう一つは同じく藩政村・貞重村の農事組合法人・さだしげである。お隣の重兼のあとを追う形で歩んできたので、独自な点を中心に紹介する。

村には７つの字があるが、村の単位で動いてきたようである。農地所有者64戸、46haほどであるので、規模的にも一つの「むら」といえる。圃場整備は１９７３～91年になされたが、中山間地域のため平均14ａ区画という。ここでも68年にすでに作業受託の営農集団がつくられたが、土日曜に作業が集中し、こなし切れないことから個別の機械導入がなされ、これではだめだと長らく話し合いがもたれ、近隣の法人も視察したうえで、２００１年に法人化した。当初の構成員は39名、26haの利用権設定だった。すでに個別相対の利用権設定もされていたが、うち6件3haが法人に設定替えされた。組合長のＵさん（67歳）もその一人で、建設業の営業マンで所有田40ａは整備後貸し付けていたが、60歳で定年帰農して組合に預けるようになった。

重兼とは異なり、法人への随時参加を認める選択をした結果なのか、現在は構成員51名、利用権

36haへと徐々に拡大している。組合としてはほ場整備された43haへの拡大を視野に入れている。

利用権の実態は、水管理・畦畔管理は地権者が行なうというもので、草刈りは年3回以上と取り決めている。純地代は1万5000円、畦畔管理は1万6000円、水管理は2000円で、トータルでは3万3000円が支払われる。実際に水・畦畔管理ができない家は6戸ほどで、うち3戸は埼玉県、西条市、近隣集落へ転出した不在地主である。畦畔管理料が高いのは中山間地域で法面が大きいからだろう。水管理料が安いのは、ため池地帯で水利権者が時間を割り振ってうまく利用すれば難しくないというのが理由のようである。重兼と異なるのは当初からのトータル地代を引き下げていない点である。

役員は11名、理事7名のうち1人は女性を充てることにしている。実際の作業にあたるのは女性が半分で、女性同士の方が声をかけやすいということであるが、それだけでなく、豆腐づくりや味噌加工を行なっている生活改善班と原料提供者たる法人との連絡役にもなっている。役員は全て月1万円の報酬で、一定の組合長報酬を確保している重兼とこの点も違う。

オペレーターは常時出てくるのが組合長以下6名で、50代1名、残りが60代である。時給は1000円、一般作業は700円である。オペレーターにはそのほかに「若手」20名が登録されており、春秋各3日、土日曜に振り分けて出てもらう。

作付けは水稲30haで、4品種ほどに分けて作業分散を図っている。減農薬・減化学肥料で、酵素を用いた栽培に取り組み、広島県の安心ブランドになっており、エコファーマーの認定も受けている。出荷先は農協が3割、残りが組合員を含む個人への販売5割、県内の飲食店2割である。農協の仮渡し金が60kg1万2000～1万3000円のところ、1万8000円前後で有利販売している。この点も重兼が採種でいくのに対して、ウチは特別栽培米でいこうという選択である。なお資材は今のところ全て農協からであるが、この点も変えていきたい意向である。転作は大豆3ha、飼料稲1ha、残りは野菜で、2010年にはタマネギ70aを試みた。大豆は生活改善班の加工原料にもなる。

　中山間地域等直接支払いは集落にくる730万円のうち270万円が法人に入る。鳥獣害も多く、「自然動物園みたいだ」と苦笑している。農地・水・環境対策については集落として取り組んでいるが、減農薬に取り組んでいるので交付金も割り増しされ、20万円を視察研修に使っている。

　また重兼と同様に1区画50㎡の市民農園を年6000円で27区画つくっている。「いきいき農業を応援したい」という福山市に本拠を置くLLP（有限責任事業組合）とのつきあい等を通じて、椎茸原木への駒打ち、田植え、稲刈り、もちつきの年4回の交流をしており、毎回100～130人が参加し、リピーターも多いということである。交流が活発なのが同法人の特徴である。

　経営収支は販売が3300万円、経費が3800万円、交付金等が900万円で、剰余は経営基盤強化準備金等に積み立て、ほぼトントンにしている。農政については「戸別所得補償は大型農家にはいい制度かもしれないが、業者は値引き交渉しており、制度がなくなっても米価は元に戻らない。来年はどうなるか分からない。怖い話だね」と語っている。

（3）ファームサポート東広島

重兼の本山組合長は以前から、0～800mの標高差に応じた作業時期のずれを踏まえて、県下の集落営農法人間の機械の共同利用ができないものか考えていた。それぞれの地域が法人ごとにまとまり、ある程度の面積に達したので、いよいよアイデアを実行に移す時期がきた。

前述のように北広島町では5法人、5担い手農家による飼料稲・大豆の転作作業の組織「大朝農産」が立ち上がっており、大朝農産として転作用機械の購入に踏み切っている。これを稲作に拡大できないかという発想でもあった。

そこで2008年に前述の法人連絡協議会の東広島支部に問題提起した。まず9法人が所有する機械の稼働状況を調査すると、図表1－1のごとくで、田植機は20％以下しか稼働していない日が稼働期間の82％を占め、コンバインだと30％以下が74％になる。田植機15機の平均稼働日数は12日で田植期間の19％、コンバインは17日で収穫期間の32％に過ぎない。さらに品種ごとに機械稼働をみると、田植機についてはそんなに重なっていないことが分かった。コンバインについては重なるが、これは品種の調整でクリアできる。

このようなデータを踏まえて、2009年12月に任意組織「ファームサポート東広島」（以下FS）を、とりあえず地理的に近い5法人で立ち上げた。仕組みはFSが各法人所有の機械を借り上げたうえで、各法人に貸し出し、貸出料の半分はFSに保留して機械更新のために積み立て、残り半分は借り上げ料として支払うというものである。当面の対象機械は田植機8台、コンバイン5台、防除機・管理機計3台、作業予定面積は田植えと防除が各93 ha、コンバインが69 haである。貸出料を安くすれば構成法人の利益が増加して法人が課税され、高くすればFSが納税することになるが、そうしてでも更新資金を積み立てたほうがベターという判断である。加えて調整事務の担当者として、県の雇用創出基金事業の補助を受けて製造業に従事していた43歳の人を雇用した。ゆくゆくはその人件費もレンタル料で賄うことになる。

調査時は２０１０年の田植え作業に取り組んだだけであるが、結果は順調だった。秋にはより困難なコンバイン作業にチャレンジする予定である。

図表1-1　東広島市内9法人の農機稼働日数（2007～08年調査）

	田植機（15機、62日）	コンバイン（16機、53日）
100～90%	–	–
80%台	–	2日
70%台	–	–
60%台	–	4日
50%台	2日	7日
40%台	6日	1日
30%台	3日	12日
20%台	23日	12日
10%台	11日	10日
10%未満	11日	1日
0%	6日	4日

注：「中国新聞」2010年5月24日による。

このような「連合体」による「組織間協同」の仕組みを構想するに当たって、本山さんとしては、「集落には郷土愛があり、地域性がある。ふるさとを守ることが集落法人化の目的であり、それを組織統合するのは、いずれはそうなるとしても当面は難しい」という判断があった。

同時に、東広島市農業公社が作業受委託の斡旋をしているが、その仕事も受けたい、またさらに先の大朝農産等との連携にも進めたい意向である。県下の法人がまとまって資材や機械の購入をすれば、億単位の発注になるので対メーカーの価格交渉力も大いに強まり、「小さな農協」になれるのではないかとしている。

「さだしげ」の組合長Uさんも推進者の一人であるが、Uさんは「オペレーターをつけて機械を回す体制にしたい。そこまでやらないと機械の共同利用の意味がない。中山間地域で集落法人をつくっても高齢化から5年後はどうかわからない。それに対応するためにもオペ付き機械共同利用だ」と考えている。

そこまでいくと法人統合にも近づき、重兼の本山さんの「郷土愛」との関係がでてくるが、その本山さんにしても前述のように20年たった法人の最大の課題はリーダー（本人たちの後継者）の確保だとしていた。定住条件としての「むら」への郷土愛と経営体としてのgoing concernとの兼ね合いをどう図るか、地域の模索は続く。

集落営農とは煎じ詰めれば、機械作業を組織オペが担当し、水・畦畔管理は地権者が担当するという分業再編であるが、連合体がオペ作業、集落営農が管理作業というより広域的な分業再編になるかもしれない。

（2010年8月）

3　LLPによる集落営農法人連合（流通協同）――島根県奥出雲町

はじめに

東広島市の場合は中山間地域といっても新幹線の駅からクルマで数十分の距離である。それよりもはるかに山奥の島根県奥出雲町（横田町と仁多町が合併）では条件不利性も一段と強まる。そういうなかでの集落営農の取組みと、集落営農の限界を克服する取組みを、「LLP横田特定農業法人ネットワーク」とその構成員法人の事例に見る。(6)

LLP（有限責任事業組合）とは、出資者全員が有限責任で、内部自治を徹底し、課税は法人ではなく構成員になされるため、二重課税を避けられるメリットがある。

奥出雲町には、旧仁多町に4つの農業法人、旧横田町に9つの農業法人がある。そして横田町は横田（1）、鳥神（3）、八川（3）、馬木（2）の4旧村（明治合併村）からなり、それぞれカッコ内に示した農業法人がある。このうちLLP法人には6つの農業法人が参加している。農業法人の概要を示すと図表1-2のとおりである。

図表1-2　LLP横田特定農業法人ネットワークの構成員農業法人

法人名	三森原	神話の里日向側	中丁	山県	ひぐち	馬木の里たんぼ	計
旧村	八川	鳥神	鳥神	鳥神	横田	馬木	
構成員（戸）	16	18	30	16	21	16	117
面積（ha）	12	16	25.6	15	24.5	13.5	106.6
標高（m）	500	400～500	350～400		350	400	
小作料（円）	15,000	20,000	20,000	15,000～20,000	20,000	20,000	
10a当たり従事分量配当（円）	40,000	50,000	40,000	40,000～50,000	40,000	50,000弱	

（1）農業法人の設立

ＬＬＰ法人の構成員の6農業法人はほぼ同じような経路をたどっている。というより、歩みを同じくした6集落営農でＬＬＰ法人を構成した。そこでこれらの動きの仕掛け人である佐伯徳明さん（70歳）が属する「三森原」の例を主として紹介しつつ、他の法人についてもみていくことにする。

その前に佐伯さんについて紹介すると、佐伯さんは旧横田町役場で長らく農政畑を歩み、市町村公社のさきがけである横田町農業公社に現役時代から常務として出向し、後に専務を務めた農政のベテランである。

まず立地条件からみていくと、標高は350～500ｍにかけて微妙な標高差をもった積雪地帯である。ほ場整備はどの地区も終了しているが、山県は1割程度は未整備で小作料に差がつく。整備済みといっても、よくて20ａ区画、平均は15ａ程度で三森原では10ａを切り、ほ場整備しても３ａ、５ａの田があるといった状況である。

法人のそもそもの前身は１９８０年代初頭の農事実行組合単位での生産調整のとも補償の取組みである。そして１９９４年頃に当時の県の「がんばる島根事業」でトラクター、コンバイン等の機械利用組合がつくられた。当時は三森原では18戸全戸で機械を共同で導入し、うち９戸程度が順番で機械利用していた。さらに２００１～03年にかけて主要３作業を集積した場合に10ａ５万円の補助金が出る事業を利用して、助成金を戸別に配分するのではなく法人の出資金に充てるかたちで農業生産法人（農事組合法人・特定農業法人）を順次設立した。三森原でいえば出資金は約８５０万円になった。佐伯さんたちのこのような指導方針にのって一斉に法人化を果たしたのが６法人だったといえる。

法人化に当たっては水田の全面積の利用権を法人に設定した。畑は農業者年金の第三者移譲を受けるかたちで30ａのみ組み入れている。三森原の場合、当初は17戸で出発したが、その後に１戸が他出することになり、その農地は以前から法人が借りており、かつ買う人もいないということで、10ａ当たり30万円で法人が購入している。

（２）農業法人の運営

現在の協業形態は、三森原の場合、機械作業についてはとくにオペレーターを決めず、建て前として全戸が出役することとしているが、実際に機械作業・管理作業とも出役できるのは10戸に限られてきており、その当番制にしている。時給1300円とし、定められた10a当たり従事時間（例えば耕耘3時間、水管理6時間、草刈り10時間）の過不足を精算することになる。

三森原の全戸方式に対して中丁、山県、馬木の里たんぼは4〜5人のオペレーターでこなすといった違いがある。いずれにせよ最近はサービス業も平日休日が多くなり、人のやりくりの上ではプラスになっているという。

三森原の作付けは水稲9ha、転作3haで、転作は大豆1.4ha、その他は施設園芸（トルコキキョウ等）の敷地0.7ha等である。施設園芸は1戸（62歳）の独立採算制にしている。6法人を合わせた転作は大豆4ha、ソバ5〜6haになる。

転作大豆は品質の良いものは地元のこだわりの豆腐屋さんと播種前契約しており、下位等級のものは三森原の法人の加工場で味噌加工しており、他の法人は三森原の加工場に原料販売している。味噌は農家の委託加工が半分、残りは学校給食、地元スーパー、直売所（「だんだん市場」）で販売している。加工場の中心になっているのは40代から60代までの女性5〜6名で、時給650円である（米の販売はLLPのところで説明する）。

三森原の2009年の経営収支をみると、販売額が米1000万円、加工460万円、経費を差し引いた営業利益が100万円ほど出ている。それに営業外収益（交付金等）が370万円あり、最終的には剰余金350万円のうち300万円程度を従事分量配当しており、図表1-2にみるように10a当たりほぼ4万円の水準になっている。この配当金は土地条件の良し悪しによって法人間で1万円程度の差がつく。

小作料はここ10年、10ａ2万円でやってきたが、その間に米価が4分の3に下がったということもあり、更新期にあたる２０１０年から1万５０００円に下げた。出役する者とできない者の分化という事情も背景にあるが、他方では前述のほ場整備の償還金負担もあり、むげに下げることもできない。後発の他の法人はまだ更新期になっていないが、いずれは見直しはさけられないようである。

中山間地域等直接支払いについては、中丁は法人として取り組んでいるが、その他は集落（農事実行組合）として取り組み、利用権の設定を受けている法人が相応の個別配分を受ける形であるが、集落配分の分も鳥獣害対策等に使った残りは農業機械の購入に充てて、それを法人に貸与する形をとっている。農地・水・環境対策も機械購入に充てるかたちが多いようである。従って法人が使う機械は、自ら購入したものと、農事実行組合から貸与を受けるものと両方で調達することになる。

（３）ＬＬＰ横田特定法人ネットワーク

ＬＬＰ法人は、３年ほどの準備期間を経て、２００６年に6農業法人によって立ち上げられ、現在は三森原の組合長が理事長を兼ねている。佐伯さんたちは農業法人を発足させたときからネットワーク化して米を共同販売することを考えていた。中山間では個人はもとより法人化したところでロットが限られているが、６つの法人を合せれば１００haになるので、その有利性を発揮したいわけである。しかし消費税の課税下限が３０００万円から１０００万円に引き下げられ、やり方によっては農業法人と新規に立ち上げた法人との二重課税になってしまうのが悩みだったところ、構成員課税方式のＬＬＰの制度ができたため、それに飛びついた次第である。

ＬＬＰは各法人が20万円ずつ出資し１２０万円でスタートし、独自の職員はおかず合議体として、経常経費（会議費、事務費、営業旅費）を各法人が８万円ずつ負担して運営している。佐伯さんが事務担当ということで年12万円の支払いを受けることになっているが、寄付で返してしまうので帳簿上のことになっている。また実際に米販売等を行なうので運転資金を要し、それは農協から無担保で１０００万円程度を借りている。

ＬＬＰ法人の主たる仕事は米の共同販売だが、そのために栽培方法も統一して、慣行栽培に対して農薬・化学肥料を６～９割減じる減農薬栽培により「奥出雲源流米」ブランドを確立し、07年度から２年連続で全国米・食味分析鑑定コンクール金賞を受賞している（09年度は天候不順で受賞は逃した）。販路は農協が２割で、残りが直売である。直売先は広島５割、大阪３割、県内２割である。農協売りだと30 kgで５９００円程度のところ、独自販売では09年９５００円、10年８５００円で売っており、製造原価５６００円に対して、この販売で息をついているという。

このような栽培方法の統一を踏まえて、ＬＬＰ法人は資材も共同購入している。農協（ＪＡ雲南）の大口割引５％のところ、競争入札にして農協も含め20％程度まで引き下げさせている。割合は農協６割、業者４割という。

このように農協取引を相対化しているが、農協との関係は先の運転資金の融資にもみられるように良好で、米の乾燥調製も、法人によって違うが、ほぼ半分はライスセンターを経由しており（ＬＬＰ法人用の専用サイロ１本）、直売の米も農協検査を受け、農協倉庫に保管してもらっている。法人サイドからすれば農協利用で投資をさけて経費節約していることになる。

そのほか、転作用の汎用コンバイン、播種機も共同で購入し、ローテーションを組んで利用し、15％程度のコストダウンを果たしている。転作作業は法人外からの受託もしている。

（４）規模の経済の追求経路

序章で述べたように土地利用型農業では一般的には規模の経済が働くが、中山間地域ではそれを経営規模の拡大として追求することは難しい面がある。その点を販売面と購買面、つまり流通面における質とロットの追求という形で補完しているのがこのＬＬＰ法人といえる。加えて転作については作業面での追求もみられる。

ＬＬＰ法人の基本方向について、三森原の２０１０年度総会議案でも、「ネットワーク共販事業を価格競争を避け、価値競争を選択するには、価値を選択する多様で固有の顧客の確保が不可欠となる。このため販売の多様化を図る手段として精米販売機能を新設する」、「高級ブランド化を志向する仁多地方は、（飼料米・米粉等の）低価格米産地のイメージづくりは避け、環境王国・奥出雲の育成には従来の大豆、地そば等の特徴ある産地づくりと六次産業化等の付加価値型に対応する選択方向もあり、ＬＬＰとして転作用共同機械として汎用コンバインの更新を計画する」としている。ここで

「価値競争」とは、安心・安全、健康、おいしいといった使用価値の追求ということだろう。つまりスケールメリットによる低価格の追求よりも地域の特性を活かした質（価値）の追求といえる。

では経営規模上のスケールメリットは追求しないのか。まず各法人は各旧村に分散しており、平均して20km以上は離れている。それぞれの谷間に展開する集落ごとのほ場では15～20haを超えての集積は困難である。また集積して少数者で担うようにして地域資源の保全はできるのか。基本は集落であり、集落での生活の基盤を支えることだとしたら、効率追求は、可能だとしても問題がある。

それでは作業面での協業は考えられないのか。前述のように6法人合わせてほぼ１００ha、水稲80haとして機械は4～5セットで足り、現在は過剰投資になっている。とくに転作20～30haは機械1セットで済む。先に法人間には標高差があるとしたが、それによる作期のずれからお互いに機械の融通をすることが可能になる。

この地域の転作率は低く抑えられてきたが、政権が代わり転作率も6ポイントほどアップされ23%になった。そういうなかでまず転作面の機械の共同利用を開始している。そのうえで、転作作業についても、これまでの法人ごとの全戸出役ではなく、6法人でオペレーターを特定した作業班の編成を考えている。

水稲については前述のように15～20haが機械の1セットの単位でもあり、それ以上の集積は必ずしも効率的とはいえず、また中山間地域としての地域資源の保全管理の問題もある。生活の基盤（地域資源）を整えるのは集落の機能だとリーダーたちは考えている。そうなると水稲についても6法人による作業集積は考えもので、リーダーたちはぼつぼつ検討しようかというスタンスだったが、ここにきて農政の変化があわただしく検討を早める必要に迫られているようである。

規模の拡大という点では、ＬＬＰ法人への参加仲間を増やすことも考えられるが、米の共販が主体であるから、栽培方法の統一が前提となり、今のところ具体的な話は出ていない。ＬＬＰ法人自体が１期３年の９年間をさしあたりの期間としており、中間的な見直しの時期に入った。そのなかでの検討となるだろう。

（５）リーダーの育成

ヒアリングには６法人のうち５法人のリーダーが参集してくれたが、61歳から78歳まで高齢化は否めない。そのなかであるリーダーは「このような組織には、しゃべるだけの人ではなく、引っ張る人、事務を仕切る人がいなければならない。事務処理能力は素人にはできない。リーダーの育成が最大のネックだ」と指摘する。要するに「佐伯さんのような人」ということである。

それを受けて佐伯さんが、三森原では後継者を構成員に加えた話を持ち出した。その結果として構成員は16名から23名に増えた。「若い人に法人の水を飲ませることで法人を継いでもらう」としている。「この地域は兼業でなければ食っていけない。兼業収入を稼ぐためにも共同で農業に取り組む必要があり、兼業でもできる法人経営を若いときから考えてもらう」ということである。集まったリーダーも、佐伯さんは役場、他の２人は農協ＯＢ、もう一人は「弁当持ち産業」（通勤兼業）の出身で、純然たる農家は一人のみである。

どの農村でもそうだが、とくに中山間地域は集落営農、中山間地域等直接支払制度の集落協定、農地・水・環境保全向上対策など、どれをとってもリーダーの確保が最重要な課題である。そのリーダーには前述のようにますます複雑化する事務処理能力が求められる。それは他産業の経験によって習得されるケースが多いだろう。

「兼業世代継承型集落営農」、その連合体としてのLLP法人の販売共同（小さな農協）の事例といえる。

（2011年1月）

4　コミュニティビジネスと集落営農——三重県多気町勢和村

はじめに

中世の丹生荘、近世・明治の丹生《にう》村は、古代から伊勢水銀と呼ばれる水銀（丹砂）の産地で、丹生千軒といわれ、近世までは鉱山町として栄えた。区が編纂した『丹生に刻まれた歴史』（2010年）によると、7世紀末に伊勢国から朱砂（丹生）が献上され、749年建立の東大寺大仏にも丹生の水銀が大量に用いられたとされている。丹生大師の門前町、和歌山別街道の宿場町としても栄えた。

丹生は一つの盆地で地域を割れないということで1村1字になったというが、中世荘園の出自からすれば、そうかもしれない。もとは畑地帯で、190年前に丹生村の地士（在村武士）西村彦左衛門等の発起で、紀州藩の事業として櫛田川の24km上流から水を引く「立梅《たちばい》用水」が掘削され、160haの開田がなされたというので、その点もひびいているかもしれない。要するに一般の水田集落とは異なる出自の村＝むら（字）である。そのことが今日に至っては強みを発揮しているといえる。

丹生村は1955年に五ケ谷村と合併して勢和村になったが、その際に村名を公募して「村勢力の発展」と「村民の和」を願って名付けられた。さらに1993年に多気町に合併する。多気町はシャープの立地等、工業化も進んでいるが、そこからクルマで20～30分の丹生は山に囲まれた盆地の里である。

地域コミュニティはこの藩政村・明治村・丹生と昭和村・勢和の2つの輪から成り立っている。村には豊かなコミュニティビジネス（以下CBとする）がいきづいている。それを概観したうえで、その代表例として丹生営農組合と農業生産法人・有限会社「せいわの里」が運営する農家レストラン「まめや」を紹介する。(7)

（1）コミュニティビジネスの村

勢和村（人口約5000人）には10字があり、丹生はその一つ（区）である。とはいえ前述の合併の経緯からしても、勢和村＝丹生＋9区であり、丹生は勢和最大の区である（300戸で他の区の倍)。丹生はいちおう7集落に分かれるが、コミュニティの基礎単位は丹生である。丹生には昔は神社が36社あり、現在も6社残っている。また村には18の組があり、組ごとに恵比須講、荒神講など多数の講があり、「おとう」という共食の集まりがあり、肉魚を使わない郷土料理が供される。後述するようにこれが「まめや」に生きている。

丹生区の現人口は950人である。区費は以前は所得割一本だったが、2000年から平等割6000円、中学生までと80歳以上を除く住民一人当たり2000円を徴収している。

丹生のCBは1994年の緑の交流空間事業で建設された交流施設「ふれあいの館」の管理運営を、丹生区が勢和村から受託したことに始まるようだ。「ふれあいの館」は区が組合をつくり、3年任期の役員8名で自主運営する直売所で、売上額はピークで7600万円、現在は競争相手もできたためか6200万円ほどになっている(後述する「まめや」も多少は競争相手になるが、同時に「まめや」の客が帰り道の「ふれあいの館」に寄って野菜等を買う関係にもある)。出荷者は310口座、実員で150名程度という。野菜、花、菓子などが販売されている。西村彦左衛門の名前をとった「彦左衛門米」も糖度が高く人気がある。直売所にはうどんの食堂が併設されている。客は地元が2割、丹生大師の参拝客が8割である。丹生大師という大きな観光資源とICから3㎞という便利さが幸いしている。組合長は地元の製茶工場(自園5ha、契約400ha)の社長(64歳)、スタッフは館長(69歳)、女性職員1名のほか、パート2名である。手数料は20%とっている。

この「ふれあいの館」の運営のなかで、当時の区長から立梅用水沿いにアジサイを植える案が出され、ボランティア40名が「あじさい娯楽部」をつくり、立梅用水の協力で「あじさい1万本運動」が始まった。この運動は勢和村全域の「あじさいいっぱい運動」に発展していった。

立梅用水は少しでも多くの田に給水できるよう、そして開放水路として防火用水の役割を果たせるよう、高低差10～15mの山裾を曲がりくねって延長30kmにわたり周到に掘られている。その素掘水路を三面コンクリート水路に変えたこともあってクロメダカ等がいなくなったことに気づいた立梅用水は、土水路に生息しているメダカをみつけ、「ふれあいの館」で飼育してもらい、1996年には休耕田を利用してメダカ池をつくり、ホテイアオイを植えた。これらの関係者が集まり、実行委員会形式で翌年からあじさい祭りが始まった。祭りで子どもたちに人気なのは、立梅用水路を使った250mのボート下りで、素掘トンネルもくぐることができる。

こうして近代的な工事をほどこされた立梅用水は、農業用水であると同時に地域用水（防火・環境用水）として甦った(8)。

さて勢和村が多気町に合併した後は、役場建物は老人福祉センターになったが、そこにはワンフロアに自治会が1室、土地改良区・営農組合が1室に入り事務員も共通制にしている。ここが丹生の司令塔といえる。

隣接の小学校は合併後も残ったが、ついに児童数50人を切り、2010年に統合された。校舎は建てて間もないこともあり、丹生公民館として残してもらい、瀟洒な建物は住民グループが大いに活用しているようである。公民館誘致運動の先頭にたったのは元校長さんで、4年前には「心豊かなまちづくり推進協議会」を立ち上げ、むつみ会（おどりなど伝統芸能）、輪投げの会、丹生の子を守る会等で構成されている。また、町の保育園が廃園になった後の建物も区が払い下げを受け、2011年から丹生会館としてオープンすることになった。そこで葬儀をしたり、農機具の展示をしたりと多目的の活用を考えている。

丹生地区役員の構成は、区長・副区長（各1名）、監査委員（2名）のほか、組長兼墓地委員（18名）、評議員（7名）、氏子総代（7名）、農業委員（4名、地区選出2名、団体推薦1名、議会推薦の女性1名）、交通安全協会（7～9名）、共済損害評価委員（12名）、営農組合役員（10名）、同実行委員（19名）、土地改良区役員（12名）、同総代（30名）、立梅用水役員（5名）、同総代（11名）、丹生大師の里管理委員（8名）、環境保全委員（8名）、公害防止協定監視委員（5名）、老人会（4名）、女性の会（同）、あじさいボランティア（同）、丹生ボランティアグループ（3名）、観光協会（1名）、遺族会（3名）、メダカの会（2名）と、伝統組織、行政組織、任意組織が入り混じって実に多彩である。農協理事はいなかったが、来年度より丹生営農組合長が就任予定である。区長・土地改良区理事長・営農組合長は同一の農家の人が兼ねていたが、非農家170戸、農家170戸という状況を踏まえて2010年から区長とその他を分けた。しかし実際には区長には農家がなったようである。

中山間地域等直接支払いは、区長と農業委員が主になり、7団地を形成。7人の集落代表で運営している。交付金は地権者と地域（区）で折半し、後者は2010年度で総額1700万円だった。使途は毎年決めることにしており、初期の01～04年度については営農組合のビーンスレッシャー、大豆選別機、ロータリーカルチ、大豆コンバインなど転作用機械の購入に充てられている。その後は農道舗装、最近2年ほどは鳥獣害対策としてのフェンスネットに用いられている。イノシシ、シカの害が多く、ネットは有効性を発揮している。

07年からの農地・水・環境保全向上対策に対しては、以上の取組みを踏まえて、旧勢和村規模の「勢和地域　資源保全・活用協議会」を設立し、10字１６３０戸７００haの集落集合体で取り組むことにした。これは全国でもめずらしい事例である。事務局は立梅土地改良区（水土里ネット立梅用水）が担当し、１６００万円弱の交付を受ける。

使途としては、①立梅用水の事務委託費の支払い。②10字から各1人のサポーターに立梅用水の専従員2名を加えた「水土里サポート隊」により地域の用水路の長寿命化支援（漏水補修など）を行ない、そのサポーターの日給４５００円（9～16時勤務）の支払いに充てる。サポーターは年間三カ月ずつのローテーションを組む。③その他、花いっぱい運動、あじさい祭り、グリーンツーリズム等に取り組んでいる。グリーンツーリズムは丹生大師、立梅用水、あじさいの小径、水銀坑跡、水銀精錬装置、まめや等を組み込んだ「丹生の里てくてく歩き」である。

④これらの事業の一環として、主として子供会、老人会を対象にボランティア活動をした者に地域通貨「水土里のご縁・五百縁」（５００円券）が1人2枚、計１０００枚発行される（計50万円）。使えるお店は、ふれあいの館、まめや、ＪＡの直売所・スマイル、ＪＡ勢和（現ＪＡ多気郡）のガソリ

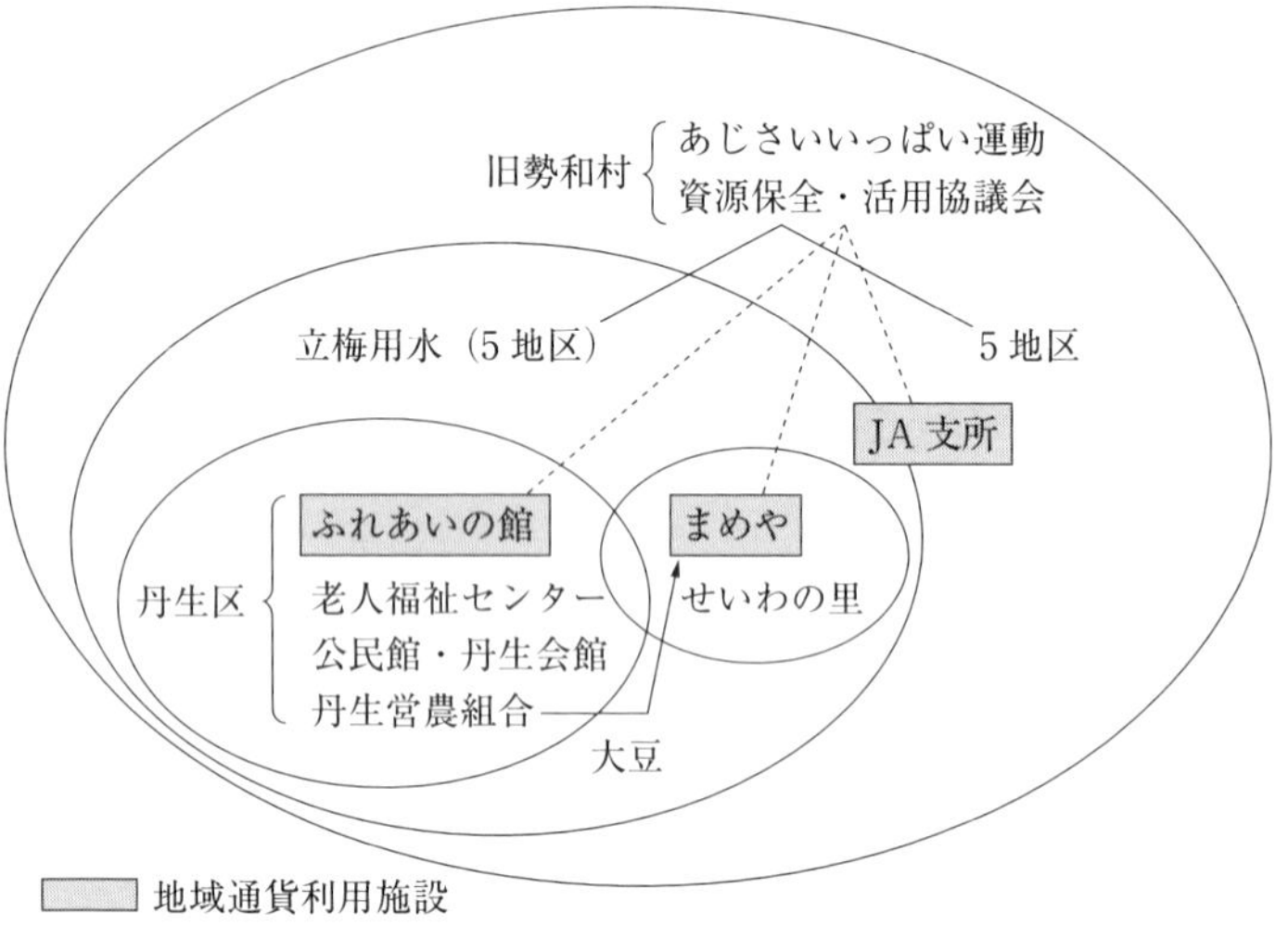

図表1−3　旧勢和村のコミュニティビジネス

ンスタンド等である。つまりＣＢのための通貨といえる。これで支払った場合、お店の方は「有り難うございました」ではなく「ごくろうさまでした」を合い言葉にしている。回収率は86％、残りは使い忘れや洗濯機に入った模様である。

丹生営農組合長に言わせると、だいたい１００戸で店１軒、職人１人を支えられる、この地域は月15万円もあれば食っていける、地域内でおカネを回していけば丹生で料理屋３軒は支えられるという。そういう地域内経済循環の思想の象徴が地域通貨である。

以上をまとめると図表１－３のようである。

（２）丹生営農組合

丹生では１９８７～91年にかけて県営事業で60ａ区画をめざしたほ場整備がなされた。結果は60ａ区画は３分の１程度、30ａ区画が過半を占める。これをきっかけに90年に丹生農用地利用組合（旧農用地利用改善団体）がつくられ、75年頃から始まっていたタバコ・白菜の転作に加えて、ブロックローテーション（ＢＲ）による麦作への取組みが始まった。麦作の作業は担い手農家２戸が担当した（麦跡の大豆は個人対応）。61歳９ha経営と67歳12ha経営であるが、二人とも農業後継者はいない。組合には１７０戸全戸が参加し、その面積は１４０ha、水稲しかつくれない湿田を除く90haがＢＲの対象になる。ＢＲになってから、転作を利用組合がやってくれるので精一杯コメをつくれるようになったという。

中山間地域等直接支払いも受けて、２００４年頃から約１００戸による任意の大豆生産組合がつくられ、麦跡への大豆作付けが始まった。06年度には品目横断的政策の実施を視野に入れて、２戸の麦作と大豆生産組合の大豆を一本化して（それぞれの過去実績をもちこんで）特定農業団体・丹生営農組合が設立された。構成員は農用地利用組合と同様である。

実際の作付けは２０１０年度の場合、小麦25・３ha、大豆19 haである。この差は白菜の栽培である。白菜は長野県松本地方のある農協との契約栽培で、そちらの農協名での出荷になる。白菜には営農組合が条件の良い田を優先的に割り当てている。白菜栽培は５〜６戸が取り組んでいるが、平均年齢70歳という。

麦・大豆は先の転作農家２戸も含め、オペレーター20名で取り組む。オペは23〜75歳にまたがり、60代後半が多いという。営農組合長に言わせると「定年後の65〜70歳が働き盛り」である。平均出役日数は10日程度で、時給はおととし１００円上げて１１００円である。もっと上げてくれという声もあったが、土木作業員の賃金が１０００円に下がったので、それに合わせている。隣の法人化した四疋田営農組合（55戸、46 ha）は経営も良く時給１２５０円にしているということである。オペはトラクター作業とともに管理作業も行なうが、地権者が管理作業を行なった場合は10ａ５０００円を支払っている（後述する転作会計から計算するとほぼ全面積に支払われている。ということはこれも後述するように、管理できなくなった水田は利用権に移行しているからだろう）。麦・大豆のオールシーズン5回の草刈りが条件とされている。

大豆は「フクユタカ」に品種統一し、除草剤と化学肥料を使わず「エコファーマー」の認定を受けている。また畜産農家と連携して、稲ワラと堆肥の交換をしている。小麦は農協を通じて四日市市の製麺工場に引き取られ、伊勢うどんの原料になる。大豆も農協出荷であるが、収穫37ｔのうち3分の2が先の「まめや」に買い取られる。格下のものは伊賀モクモクの里等に引き取られる。「まめや」では豆腐、味噌等に加工されて客に提供される。

組合の収支面をみると、売上高が５４０万円、価格補てん（黄ゲタ）が４００万円で計１０００万円程度、営業外収入として品目横断的政策の１３５０万円、中山間地域や農地・水・環境対策の二階部分（エコ）の国庫補助金が４００万円など合わせて２１００万円程度ある。

集団転作会計が別にたてられ、ここには主として国の交付金１２００万円弱、町の補助金３００万円弱、前述の営農組合からの管理作業料金１００万円強が入り、そこから転作補助金の個人配分

1000万円弱や営農組合への麦・大豆作業委託費が支払われる。

転作関係の交付は、10a当たり麦3万5000円、麦作跡大豆1万5000円、伊勢いも等の奨励作物が8000円、そのほか町からも生産調整推進事業1000円、集落営農推進事業（麦・大豆）1万円が出る。ここで問題が一つ生じた。高齢者が取り込んでいた前述の白菜が、これまでは10a1万円交付されていたのがゼロになり、やる気を削いでいることである。

単年度収支はわかりにくい面もあるが、特徴は営農組合がBRの3年単位に利益配分を行なっている点である。すなわち3年終了時点（2010年5月）で、水田水張り面積10a当たり1000円（114ha分）、集団転作地（麦）1万円（77ha分）、同（伊勢いも、タバコ）5000円（11ha分）の配分を行なっている点である（計940万円）。残りは法人化に向けての組織強化費に充てる。営農組合としての取組みということで、前述の湿地の水稲作付けだけの人にも支払われ、喜ばれているそうである。

丹生にはいろんな活動があるので、営農組合がイベント等を主催するのは少ないが、10月の収穫を祝う「お月さん」の日には区民全体に呼びかけて、1人2把程度の大豆の収穫祭をしている。昔から枝豆、栗、里いもを供えてお月見をしたそうで、そのための枝豆用である。

営農組合は丹生にあっては比較的後発の組織といえるが、地域での転作の取組みを踏まえ、地域の必要に応じて立ち上げられ、「地域に埋め込まれた」組織といえる。

（3）営農組合を担う人びと――法人化に向けて

しかし同時に、その中核を担うのは少数の担い手農家である。丹生ではすでに4割程度の水田に利用権が設定されており、耕作農家は70～80戸、うち利用権の設定を受けている20戸程度がオペを務めている。最大規模は組合長の中村豊實さん（66歳）で自作地5ha、小作地7haを奥さん（62歳）と耕作。養子（44歳）は公務員で丹生の内に別居、配偶者である組合長の長女（39歳）が農業を手伝う。

農地改革当時は一反百姓で、収入を全てつぎ込んで平均して年10a程度の自作地拡大をしてきた。最近では、2010年末には30a、2011年3月に20aを購入している。相手は丹生を出た人で10a100万円の相場である。

小作地は25戸からで、出作は1ha程度、残りは丹生内で半径4km以内に収まっているが、ほ場の真ん中に農業倉庫を建てている。小作料は、BR地区は畦畔管理を地権者がする場合10a2俵、できない場合は1俵である。BR地区以外の湿田は1俵である（天水田で水利費がかからない）。800俵のうち2割弱が小作料支払いに充てられる。米商と次女の嫁ぎ先の松阪の食堂に各100俵、残りが農協出荷である。

そのほか丹生には8～10haクラスが2名いる。1人はNさん（45歳）で水稲8ha、伊勢いも1ha、黒大豆0.6haを義父（67歳）とつくる脱サラ・養子組である。借地は主に出作で増やしている。そのほか地域では大きな製茶工場（前述）もあるが、この当主（40歳）も養子。ヒアリングで養子が多いことに気づいた組合長は、「丹生の男の子は外に出てしまうが、娘がいつのまにか相手をつれて戻ってくる、女系が田舎を支える」と述懐する。男の子が外に出るのは、民富にめぐまれた丹生の歴史的伝統かもしれない。

営農組合には専業農家が5戸おり、うち4戸が認定農業者である。初期の麦転作も担い手農家2戸が担い、今はオペとして活動しているが、その次の中核に組合長やNさんが出てきたわけである。さらに後述する「まめや」の三男（25歳）のような若い世代も育ちつつある。

営農組合はいちおう2011年11月には法人化の予定で準備を進めているが、問題はそのあり方である。アンケートをとった結果、集落ぐるみの農事組合法人がいいかなということになっている。株式会社化の回答はゼロだった。だれも「一人勝ち」を望んでいないということである。

もともと米・麦・大豆の面倒をみるということで出発した営農組合であるが、現状は麦・大豆にとどまっている。そこで水稲をどうしてくれるのかという声も強まっている。かくして問題は水稲をどうするかに収れんするが、かなりの湿田地帯をかかえており、その管理が難しいという問題もある。

さらに政権交代で米戸別所得補償政策が始まり、固定部分が10a当たり1万5000円、2010年度は最終的に3万100円になった。この地域は土地改良事業が新しいこともあり、水利費6800円に加えて償還金が2万1000円、計2万8000円の負担になり、3万円もらってもトントンという実態である。

そこに3万100円が交付されるとなると、お荷物だった湿田でも水稲に取り組む気になり、あと

5年ぐらいは米をつくってみるかという揺り戻しも出ている。

他方では、品目横断的政策との絡みで、担い手農家がやっていた麦転作を営農組合に移し、700万～800万円の所得の配分方式が変わり、担い手農家はオペとしての日当と地権者としての配当を受けるだけの存在に化した、という経緯もある。

こういうなかで、法人に利用権を設定したとして、その後をどうするかが問題になる。第一は、管理作業まで含めて誰が担うのかである。組合長としては、法人は利用権の受け皿組織として、営農は法人直営というよりも、担い手に任せることも考えている。前述のように利用権設定の割合が4割に達している。また最近では個々の地権者が借り手を探すのも難しくなってきている。他方で、この地域は財産をすごく大切にするという。ひえ一本、生やしたくない、そのためには営農組合を通したほうがいいという判断になる。そうすると営農組合は法人化したとしても、当初の農用地利用組合（農用地利用改善団体）としての機能をまず第一に期待されているようである。

具体的に担い手に営農を任すとした場合、現在の20名のオペのうち、核になるのは先の中村さんと「まめや」の三男の2人で、それを含めて5名程度、残りの15名は作業者になるのかなという見通しである。この5名の年間就業を保障できるかが問題である。

第二は分配の問題である。前述の戸別所得補償により問題が難しくなった。組合長の腹づもりでは、うち1万円を法人がとり、2万円を地権者に渡してはどうかということである。2万円は前述のようにほ場整備田の小作料相場に近いので、小作料支払いの代替とするなら一案かもしれないが、その場合もあくまで小作料としての支払いであること、総額が3万円になるのは2010年度のことであって、今後は米価次第であること（米価が下がれば増える仕組み）を確認する必要があり、さらには戸別所得補償自体がいつまで続くか不明であることを考慮すれば、それを前提とした制度設計には慎重であるべきだろう。

といった次第で話は尽きたが、無理に全水田面積の利用権設定にして高い地代を設定するのではなく、法人にお願いしたい人だけの利用権設定にして、しばらくは様子をみることかなとも思う。普及員の方も同席してくれたので、いろんな事例を踏まえつつ、地域にあった無理のない方式を見出していくことになるだろう。

（4）「まめや」への途

「まめや」の原動力になってきたのは北川静子さん（56歳）である。その歩みをうかがうことが、そのままCBの形成過程になる。北川さんは学卒後1年半ほど県の臨職をしたあと、勢和村役場の職員になる。彼女は丹生の人であるが、キャリアからしてその視野は勢和村全体に向けられている。勤務は商工関係もあったが、議会事務局が長く、そこで村長の思いを聞く機会も多く、議員、区長、農業委員会の会長等、地域のリーダーとの接触も多かったようである。

きっかけは1994年、農協の食味計でおもしろ半分に丹生の米を計ってみたら、なんと新潟コシなみの数値が出て、自分たちにとっては当たり前のものがじつはすごい資源であることに気づかされた。勢和村のうまい味噌と漬け物を特産品にしたいということで、ボランティアが集まり、公民館の調理室、旧給食センター等を使わせてもらって加工に取り組んでいたが、学校の敷地内で自由に使えない、多くのメンバーが10年経ち60代後半になる、若い人に入ってもらうにはその活動に魅力がない、また年3~4回のイベントでおいしいので買いたいといわれても売る場所もない、といった限界にぶつかるようになった。北川さんは当時、役場の企画室や商工観光の仕事で特産品の情報発信をしていたので、よけいにそう思った。

もう一つ、前述の「あじさいいっぱい運動」が始まり、現在の「まめや」敷地の近くで「あじさい祭り」が開かれるようになったが、休憩所もないという状態だった。

そういうことでモヤモヤしていた時、ふと、つくる、食べる、売るの「一つの輪」ができないかとひらめき、自分のまわりにいた女性5~6人に話した。

背中を押したのは「花づくり」のボランティア活動だった。当時の村長さんはボランティア活動を重視し、「ふるさとを守る心」を育んできた人で、ボランティア同士の横の連携もあった。北川さんは加工の次に役場で花づくりのグループをつくった。勢和村の10字ごとに既存の花づくりグループと役場を結び、村を代表するイベントで「花の村・勢和をアピールしよう」ということになった。台風や長雨の時はプランターを移したり、病気の発生など苦労を重ね、ついに１０００個のプランターの花を見事に咲かせることができた。その時に一緒にやってきた高齢のメンバーから、「自分たちがこんなことができるとは思わなかった。あの世への土産ができた」と喜ばれ、その時に撮った記念写真を全員に配ってくれた。この時に得たみんなの満足感、達成感が次のステップになった。

村にはおいしいお米、旬の野菜、山菜、知恵、人の輪、旬にいっぱいとれる大根は干し大根にするといった貯蔵、保存の技術など地域の資源がいっぱいある。しかし残念ながらそれらの資源は高齢者によりかろうじて保たれている状態で、この先10年もたてばどうなるのかという危機感があった。何とか70歳、80歳の人たちが元気なうちに次代に伝えないといけない、しかしそのためにはしっかりした主体をつくる必要がある、手をつないで乗り越える仲間がほしいということで、地域資源、農村文化を次代に伝えることを目的とした法人をつくることを思い立った。結果的に30～80代、男性３分の２、女性３分の１のメンバーが集まったが、60、70代の人が多く、へそくりを持ち寄って35名から１０５０万円の出資があった。残念なことに味噌・漬け物加工グループのメンバーはそれぞれの考えで参加、不参加に分かれたが、つきあいが絶えることはなかった。

法人化に当たっては県農業会議に相談し、農業生産法人（有限会社）「せいわの里」が立ち上がった。法人は前述のように丹生に立地しているが、営農組合と違い、名前のとおり旧勢和村一円を範囲とするものである。店を出すには１０００万円では足りないということで、県に補助金をもらいにいったが、役場としての仕事ではなく個人の仕事でもあり、大変苦労し、一時は挫折しかかったこともある。そのなかで、普及センターの女性起業講座が役立ち、普及員は最後までフォローアップしてくれた。また、たまたまエレベーターに乗り合わせた、県庁臨職のときの上司が県産業支援センターの事務局長になっていたこともラッキーだった。結果的に県補助金は申請額に対して２５０万円カットだった。「こんなところに人は来ない」というのが県の言い分だったが、それが今では県の地産地消の成功例になっている。補助金獲得に民間人が素手で挑むのは至難の業という行政のあり方も大いに問題で、これでは地方分権も国が県に変わるだけのことといえる。しかし北川さんは、厳しい収支計画やらヒアリングやらは、「県が勉強させてくれたのじゃろう」と受けとめている。

資金総額は、出資金1050万円、県デカップリング市町村総合支援事業840万円、村210万円、農協近代化資金750万円の計2850万円である。

カットされた250万円を埋めるために運転資金を施設建設につぎ込まねばならず、什器もそろえられなくて困っていたところ、みんなが家にある食器、重箱、座布団等を持ち寄ってくれ、高齢者は楊枝入れ、メニュー立て、プリン容器などを竹細工でつくり始め、豆腐の機械は廃業する者から譲り受け、自分たちでさび落としをして、手づくりの店づくりになり、北川さんは「カネがなくてよかった、絆づくりになった」と言う。苦労をプラスに考え、そこから何かを引き出すのが北川さんの生き方のようだ。

地図は略すが、丹生区への入り口に丹生大師があり、その向かい側に「ふれあいの館」、そこから脇道に少し入ったところに、広場、まめや、メダカ池、アジサイの小径等があり、一帯が自然の公共空間になっている。

(5)「せいわの里」「まめや」の運営

法人としての「せいわの里」は2003年に立ち上げ、せいわの里が運営する店舗「まめや」のオープンは05年4月17日だった[9]。

「まめや」はバイキング形式の農家レストラン(60席)、豆腐、味噌、菓子、漬け物加工所、加工体験施設(豆腐、おからドーナツ、おからコロッケなど)、販売コーナーである。また8店舗を村内外にもち、町内6カ所の小中学校、保育園の給食として600食分を週2回配達している。総売上額は08年度7400万円、09年度は約8000万円と1割方伸びている。

当初の売上げはレストランが一位だったが、現在は販売のほうが多い。しかし「まめや」の看板は何といっても農家レストランである。はじめの二カ月はバイキング形式にして、料理の出具合、客の好み等を探り、定食化する計画だったが、客からバイキングをやめないでくれという声が出て、客に学ぶ形でバイキング形式にした。台に並ぶのは五目豆煮、いり大豆、冷や奴、おからサラダ、おからドーナツ、豆乳寒天など大豆を用いた料理が多く、植物性蛋白質を大切にしてきた郷土料理の伝統を活かし、肉魚は用いない。これが食べ放題で大人1000円、子ども500円。見たところ台はそう広くないが、皿やどんぶりが空になる前におばさん方が次々と出来たての料理を運んでくるのが壮観である。私もいただいたが、腹をすかせて行くべき店である。隣の私と同年配の男性もご飯をお代わりしていた。バイキングは1時間以内でお願いしている。純粋に食べるのが目的であるから、それで十分だろう。

とにかく味がマイルドで、年寄りに優しいが、店のターゲットは絞っていない。中年のおばさん、小さい子ども連れ、ギャル、ライダーの男の子など様々である。集客は村内は1割、県外が2～3割、残りが県内である。ネットには出しておらず、雑誌、テレビは向こうから来る、最大の宣伝媒体は口コミ、携帯ということである。バイキングは11時から14時まで。農繁期は休業。日曜祭日は1時間待ちという。客数は平日は約１００人、土日は１７０人程度である。私が店の隅でヒアリングをしたウイークデーは11時オープンと同時に8割方埋まっていた。客単価は買い物を入れて１７００円。まめや来店者数は、立ち上がり時期は年1万人程度だったが、07年には3.5万人程度に急増し、その後は緩やかに伸びている。

「まめや」の大きな特徴は、人件費や野菜仕入れなどで、８０００万円の60％を地元還元していることである。年間延べ４５０人の農家が年間１００日強、野菜を搬入している。野菜を注文するのではなく、持ち込まれた野菜からその日のメニューを組み立てている、買取り価格は直売所価格を見ながら決める。年間の野菜買上げは49ｔ、うち24ｔが大豆で丹生営農組合からのものである。米は１５０俵。納品伝票はチラシやカレンダーの裏利用である。

地元の子どもたちから土筆１００ｇ１００円、蕗のとう１００ｇ80円で買い上げている。土筆は「はかま」を取る約束事があり、祖父母に手伝ってもらう子もいるようである。

「せいわの里」は「まめや」に隣接する離農農家の農地25ａを借りて（小作料10ａ米1俵）、豆腐の搾り粕を使った「おから堆肥」を用いて、昔から農家の庭先でつくられていた「金ゴマ」を栽培し、「まめや」でゴマ和えに用いている。さらにアワ、キビも栽培し始めている。

スタッフは正規職員が6名、男性4名（40代2名、60代2名）、女性2名（20代と50代）である。いちばん若い女性は、地元の相可高校の食物調理科（テレビ番組「高校生レストラン」のモデルとして有名）を出て、大阪の調理専門学校で1年学んでから就職した。臨時雇用が女性28名、20代から70代にまたがる。その他に学生アルバイトが2名。若い層も加わってきているのが特徴である。

正規職員は時給720〜900円、ボーナスは年2回で半月分くらいずつ。役員は漬け物部、菓子部、味噌部、厨房部、豆腐部の各部長で手当は月1万円。時給制にしたのは、次に述べるモットーの2番目、暮しに合った働き方を応援するためである。

最後にまとめの意味で、北川さんがあげる「五つのこだわりを大切にした『まめや流農村らしさの追求』」を紹介する。第一は、人・生産者に合わせた地域の食材買取りシステム、第二は、人・くらしに合わせた働き方システム（農繁期休業、時給制など）、第三に「出会い、気づきあいを与えるための人と人をつなぐシステム」（子どもたちからの土筆買取りなど）、第四に「地域をつくる仲間との連携システム」、最後に「若い人を育て、お年寄りを活かすシステム」（おから堆肥によるゴマ栽培など）、である。

なお北川家についてふれると、長男（29歳）は大卒後2年他に勤め、モクモクの里で研修してから、現在は同居して「まめや」に正社員として入社している。次男（27歳）は電機の設計の会社に勤めているが、「まめや」で働きたい意向である。三男（25歳）は農業をしている。自作地1haに借地4haの計5ha経営。前述のように丹生はBRなので、水稲と転作田では白菜もつくっている。地元農林高を出てから安城市で2年、野菜、米、大豆、麦を勉強し、さらに2011年の6月から長野の農業生産法人で2年間、今度は主として営業・経営面を学ぶ予定になっている。相手の女性も一緒に行くことになっている。問題は地域内に若い仲間がいないことで、丹生での農業者は彼の上は60代に飛んでしまう。友人には農業したい若者もいるようであるが、なかなか農業だけでは飯が食えない、そこで自分が率先して新規参入の基盤づくりをする必要があると三男は考えている。北川家はこの三男が継ぐ。

（6）せいわの里・まめやのこれから

せいわの里はいま5カ年計画を立てている。まず「地域が大切、そのための会社。農村地域の機能がちゃんと残り次代に繋ぐ。そのためにまめやは丹生のみならず勢和村の一つの歯車として、農村の将来像を地域の人たちと共有すること」を基本におく。そのうえで70、80代の高齢者が庭先でつくる多品種少量品目を店に置き、次代が野菜をつくらなくなるなかで、50代も野菜をつくる、60代も野菜づくりがおもしろいとなり、野菜づくりを里の特技にするようにしたい。そのためにはまめやの前に村の人たちの直売所をつくりたいとしている。

加えて消費者・生産者・まめやの三者で「農村応援費」を創設し、おから堆肥を無料で生産者に配布して使ってもらい「おから堆肥でつくった野菜」という付加価値をつけてもらいたい。具体的には直売所では普通15％程度の手数料をとるが、うち５％をその費用に充てるというものである。

もう一つは起業支援である。農家の人たちがおいしいものをつくっても保健所の許可とかいろいろ関門があるなかで、農家の背中を押して、まめやの中に加工所をつくり、そこに週１、２日顔出ししてもらい、つくったものを直売所で販売することで手応えを感じてもらいたいということである。

また丹生に営農組合、せいわの里、ふれあいの館の３組織があり、一つにしてしまえばいいじゃないかという話もあるようであるが、せいわの里が旧勢和村全体を視野においている以上は無理だろう。むしろいろんなエリアの輪が幾重にもできていくことが、丹生、勢和の地域がこれまでにやってきたことであり、今後とも追求すべきことだろう。

（７）コミュニティビジネス（ＣＢ）の多核的展開

勢和村や丹生の取組みはＣＢの一つの典型例である。第一に、せいわの里は昭和合併村・勢和村、丹生営農組合は中世・近世・明治村の丹生という地域コミュニティを基盤にしている。しかもせいわの里ははっきりと勢和一円を視野におさめ、「ふれあいの館」や丹生営農組合は丹生集落に埋め込まれ、それと一体化している。事務局共有制にもそれが現われており、正式に丹生区の役員メンバーになっている。

また立梅用水が地域用水としてこれら大小のコミュニティの結び目になっている。図表１－３にみるように、いくつものコミュニティが同心円を描きつつCBを生み出している。

第二に、地域住民・農家の自発的な取組みから始まり、自発的取組みとして発展を企図している。その場合に、せいわの里では村長が育み、住民（民）と役場（官）の協同があった。普及センターや県庁も厳しい条件を付しつつもサポートしている。丹生営農組合にとってもほ場整備事業、中山間地域等直接支払い、農地・水・環境事業など、使える事業をうまく使いこなしている。逆に言えば、地域にほんとうに役立つ国の事業と地域をかきまわす事業との差異がはっきりしてきた。

第三に、それぞれがバラバラではなく、地域資源循環、地域内雇用の点で地域循環型経済を創り出している。北川さんも中村さんも意識的にそのことを追求している。しかもそれは事業主体だけの思いではなく、地域の思いになっている。その象徴が土地改良区が主体となった地域通貨「緑の御縁」だといえる。またそのことにより高齢者の働き場、子どもたちの小遣い稼ぎと地域発見の機会を提供している。

第四に、地域資源、「地域にあるもの」を見つめることから始まっている。古代から水銀の産地として栄えた丹生は歴史的遺産に事欠かない。しかし現代的な観光の点での集客力は限られている。つまり歴史的遺産を現代に活かす必要がある。「まめや」は地元の米の食味を知ったことから始まった。そして郷土食を活かして肉魚は使わず、野菜料理に徹してかなりの集客力を発揮している。丹生営農組合もまた地域のタバコや伊勢いもの栽培、あるいは長野の農協と連携した白菜生産、そしてまめやにリンクする大豆転作と、地域にあるものを活かしつつ、新たなニーズに自らをリンクしている。長い歴史的伝統をもつ立梅土地改良区は見事に現代の「地域用水」として自らをリニューアルしている。

丹生には昔の水銀産地という特殊性があるが、旧勢和村は花作りに燃えるまではこれといった取り柄はなかった。それをボランティアが息づく地域に変えたのは村長や住民主体の力である。その意味ではどの地域もCBの可能性をもつといえる。

（2011年3月、5月）

注

（1）佐賀平坦農業の歴史的特質については拙著『農地政策と地域』1993年、日本経済評論社、第1章。
（2）佐賀県における政策対応については磯田宏・品川優『政権交代と水田農業』2011年、筑波書房、第8章（品川優稿）。
（3）拙稿「集落営農と個別経営の連携法人化」拙編『日本農業の主体形成』2004年、筑波書房。
（4）拙著『混迷する農政　協同する地域』2009年、筑波書房、第4章第5節。
（5）初回は拙著『農地政策と地域』前掲、第7章3。第二回は注（4）の文献に記している。
（6）「全国農業新聞」2010年11月5日の紹介記事による。
（7）「農業共済新聞」2009年8月5日、同2011年1月1日の紹介記事による。
（8）高橋幸照（立梅土地改良区事務局長）『はぐくみ・せいわ』2008年、水土里ネット立梅用水。
（9）「せいわの里まめや物語」『ふーどら』第1号、2010年、ふーどら制作委員会。

第2章　東日本の事例

1　農外企業による耕作放棄地の復旧――福島県南会津町

はじめに

南会津町は2006年に田島町・舘岩村・伊南村・南郷村が合併してできた県南端の町である。標高は最低で450m、森林率90%、豪雪地帯の中山間地域である。高齢化率は05年で32・5%。農業の主力は水稲であるが、南郷村は「南郷トマト」、田島町はアスパラの産地であり、そのほかリンドウ、かすみ草、カラー、スターチスなどの花に取り組んでいる。06年の農業産出額では米と野菜がともに42%である。認定農業者は130名、米+上記作目の組合わせである。

農用地区域内の農地が約２９００ha、流動化率25％、地権者７３７名のうち９％が町外居住である。農業委員会が把握している耕作放棄地は水田86ha、畑62haである。

田島町ではまとまった耕作放棄地の復旧への取組みとして、Ｆ・Ｋファーム、南会津アグリサービス、水無ソバ組合の３事例がある。このうち水無ソバ組合は実質的に広域消防署勤務の方が取り組んでいるものなので、勤務の妨げになるのを避けて農業委員会での聞き取りにとどめた[1]。

(1) Ｆ・Ｋファーム（有限会社、45ha経営、ソバ中心）

地元・福南建設の社長、羽田正さん（70歳）を中心とする取組みである。羽田さんは福島市の舗装会社に勤めていたが、営業先の田島町に同業者がいないことから、１９７２年に同地で独立した。公共事業を主にピークで年商７億円程度だったが、現在は従業員15名をかかえて３億円程度である。

始まりは１９９１年に中荒井地区の共有地の耕作放棄地10 haを借りてソバ栽培に取り組んだことである。この土地は元は河川敷で、河川改修に伴い１９７９年から県営農地開発事業で70 haほどを農地化したところである。開発後はブドウと桑を栽培し、ブドウは某メーカーとの契約栽培で「南会津ワイン」の名前で出していたが、ねむり病の被害や安い輸入物に押されて５年程度の取組みに終わった。土地改良の償還金も共有地の組合で負担することになっていたため、その償還のためにも10ａ当たり４０００円で貸すことにした。羽田さんは、荒れた土地を見つけては農業委員会で地権者を特定し、お願いして歩いたり電話をかけたりして、４〜５年で20 haに拡大した。高校時代の同級生が県職員として取り組んだ農地が荒れていくのは忍びないと思い、校庭整地用に購入した大型トラクターの活用も兼ねて取り組んだとしている。

共有地の借り入れは相対だったが、共有地の組合長の農地については利用権を設定しており、社長はこの時に農家資格を獲得したようである。

2004年には有限会社、F・Kファームを立ち上げたが、動機は補助金が欲しかったと率直に言う。県の「稔りの農地再生事業」の要件は耕作放棄地20haの解消ということであるが、それをクリアするために、これまでの実績を踏まえて新たに1年間で20haほどを借りて復旧することにした。06~07年にかけての同事業と関連事業（ソバ製粉、アスパラ、灌水）の事業費は4500万円、うち補助金が35％である。復旧に際しては、ブドウ棚や桑が残っており、雑木、萱等も繁茂し、パワーシャベルを使って苦労して開墾したようである。なお小作料は法人化したときに10a2000円に引き下げて今日に至っている。

現在の取組みは、ソバ栽培が42haで、35haと5haの2カ所にまとまっており、飛び地が2haである。ソバは県オリジナル品種「会津のかおり」で、製粉、加工の他、種子販売もしている。

そのほかに、アスパラ2ha、野菜70a、水稲4.6haの計49haである。野菜は後述する直売所向けの根菜類が主である。アスパラは4年目、農協出荷が主であるが、3分の1は後述する直売所で販売している。地元の人が都会の子どもたちに送っているようである。

水稲の取組みは2009年度からで、地権者は30戸程度であるが、一カ所にまとまっている。その前につくっていた者が病気になり、Ｆ・Ｋファームに回ってきた。小作料は10ａ当たり30㎏の現物で、ファームとしては金納にしたいところだったが、「自分の田んぼの米を食べたい」という希望で、そのことを社長としては「おもしろいな」と思っている。田んぼもここにきてドッと出そうな気配だが、10ａ区画の小さな田なので、まとまっていないと引き受けられないとしている。水田の水管理等もファームが行なう。建設業の従業員を動員して、５人で１日がかりである。アスパラの忙しい時期ともぶつかる。またソバの作業受託も10㏊している。収穫の受託と全作業の受託が半々である。いずれも交雑を防ぐために「会津のかおり」に統一している。

法人化にあたっては社長のほか、50代前半の従業員で認定農業者の２名を構成員とし、出資金３００万円の大半は社長が出した。作業は主として社長が当たり、他の二人は収穫のシーズンの一カ月、建設業を休んでファームに専念し、その給与は建設会社からファームに請求するようにしている。社長は「百姓はおもしろい。なぜかわからないが、毎日畑に行かないと気がすまない」と言う。夜明けとともに握り飯をもって畑にでかけ、３時間ほど作業してから社長業にもどる。しかし３年前に大病を患い、あまり無理はできなくなった。建設業の他の従業員は農業にはあまり関心がないという。建設業の作業は意外に空き時間もあり、時間に縛られるのを嫌うとみている。

ファームの装備は、トラクター３台（95、60、５馬力）、ソバ用コンバイン２台、１３０石乾燥機４台、製粉機一式である。

Ｆ・Ｋファームは製粉施設と直売所をもっている。製粉所は高齢者夫婦のお宅を借りて作業委託し、家賃込みで作業料金を支払う。直売所は中荒井地区の国道沿いに地元のリンゴ組合が設けたものを3年前から借り受け、その横に厨房とトイレを付けて、ソバ食堂にしている。これも60代の女性2人の請負制にしている。社長は「惰性で始めた」と言うが、地元にソバ屋があるのに地元のソバを使っていないということで、地元のソバを普及したいという思いがある。直売所ではソバ粉、アスパラ、野菜、地元の加工会社がつくったアスパラのアイスクリーム等を販売している。主として地元の人たちが利用して、売上げは1000万円ほどになる。その他、ファームとしては、ソバ粉、ソバの実、アスパラ等のネット販売も始めた。

2009年には郡内のソバ愛好者に呼びかけて「南会津そば振興協議会」をつくり、10月中旬に文化ホールを借りてソバ祭りを2日間行なった。初年度は4500食だったが、2010年には5500食に伸びた。続けていきたいが結構費用もかかるようである。

F・Kファームのトータルの売上げは04年600万円から始まり、09年には1400万円、09年には2700万円、10年は3000万円にいくだろうとみている。3000万円を超えないと利益は出ないという。内訳は先の直売所1000万円、アスパラ500～700万円、残りがソバ（原ソバ9割、加工1割）である。

(2) 南会津アグリサービス
(有限会社、3.5ha経営、アスパラ専作)

社長のYさん（52歳）は、地元大手の建材運輸会社（従業員40名）で重機の運転や営業の仕事をしていた。兼業農家でアスパラをつくっていたが、現在は父母が死亡しやめた。

会社は5年ほど前に、公共事業の減退から他部門への進出を考え、堆肥運搬もしていたので、農業進出を考え、ホウレンソウ、夏イチゴ等いろいろ検討したが、地元で取り組んでいるアスパラが堆肥も使うし、よかろうということになった。しかしいざ法人を立ち上げる段になると、2009年農地法改正前だったので建設会社が直営するのは法的に無理ということで、当時、堆肥運搬の仕事をしていたYさんに白羽の矢があたり、独立して法人を立ち上げることになった。Yさんとしては「農地法改正後だったら、自分は従業員にとどまっていただろう。『やろう』ではなく成り行きだったが、今はそうもいっておられず、人生を賭けた」と言う。

当初は3人で取り組むことにし、2006年に法人を設立。出資金300万円の3分の1はYさん、残りは他のメンバーと建設会社の社長等である。

土地は前年から2ha借りることになっていたが、農業者年金の関係でアウトになり、代わりに農協職員が耕作放棄地1.2haを貸してくれることになった。F・Kファームと同様、ぶどう棚の撤去等に苦労し、重機2台で一カ月以上かけて復旧した。この土地は10年間は小作料なし、きちんと土地を管理してくれればよいということである。

現在は水無地区に2.5ha（当初の1.2haに借り足し）、長野地区に1.0haである。こちらは水田と10～20aのブドウ畑で、水田は法人の方からお願いして貸してもらい、深溝を掘って排水を良くして畑にし、ブドウ畑は復旧作業をした。いずれも堆肥を10a当たり30tも入れた。堆肥は栃木の酪農家から運んできたものである。

地権者は9名。小作料は先の無料を除き、10a当たり畑3000円、水田6000円程度である。利用権の設定期間は10年にしている。アスパラは一回植えると10年程度は収穫するからだ。

法人の作業は社長、専務（36歳）ともう一人（35歳）だったが、その人は2年ほどで友人とアスパラに取り組むということでやめた。代わりに地元の田島高校卒の青年（20歳）を新卒採用した。非農家出身だが、農業に興味があり、やる気満々とみている。その他に60代の女性7～8名をパート採用している。

作付けはアスパラ専作で、ハウス50棟を建て、事業費2000万円のうち60％は補助金である。標高は550m、積雪1mになり、水がきれい、堆肥を入れていることを売り物にしているが、最大の「売り」は「朝取り」で、9時に店に並ぶようにし、ここ3年ほどは売り上げが伸びている。南会津産「雪国アスパラ」で売っている。単価、反収、病気等の点でハウス栽培のほうがいいが、まだ半分以下で、できればハウスを増やしたい意向である。

現在の年商は3000万円、うち堆肥販売が10％程度である。販売は当初は農協出荷だったが、現在は、農協が半分、残りが直売20％、東京の居酒屋グループ、地元スーパー、県内のホテル、楽天のネット販売（0.2％）などである。春は直売の方が高く、夏は農協販売が多い。直売は親戚等に２万～３万円も送る人がいるそうである。

冬アスパラにも促成栽培で取り組んでみたが、電気代がかかり過ぎるということでやめ、冬場は建材運輸会社の下請け、除雪、産廃に雇ってもらっている。いつまでも会社に頼るわけにはいかないので、冬場はモチ加工をしてネット販売するなどいろいろ検討しているところだ。

地元では「すぐつぶれるだろう」とみられていたようだが、幸いアスパラ栽培は順調で、販路も独自に開拓し、今や県下最大のアスパラ経営になっている。しかしなかなかきつくて月１日も休めないそうである。連作障害があり、微生物資材や堆肥の投入、畝をずらして栽培するなどしているが、５年たったのでそろそろ別の土地の確保も考えねばならない。

経営的にはまだ赤字で、社長・専務の報酬は「恥ずかしくて言えない」が、先の青年には月17万円を払っている。あと2年で借金も返せるので、５haまで拡大して、農協ではなく法人で選別するようにしたい。来年は雇用も増やしたい。土地の拡大については、耕作放棄地はどちらかといえば避けたいが、前述のように10年は小作料なしといった条件なら可能性もあるとしている。ただし水稲は大変なことが分かっているので、やる気はない。

農協出荷しており、農協のアスパラ部会にも属しているが、農協の資材や農薬は「全然値が違う」ということで業者を通している。

(3) 地域との関係

これら農外企業の耕作放棄地の復旧・利用の地域波及効果は、残念ながら一、二の小規模事例を除き見られない。その一因は、地域の主要な農業形態が水稲+野菜の集約的な栽培である点にある。代表的な作目であるアスパラだと夫婦で50ａが限度といわれる。それに対して耕作放棄地対策となると、やはりソバのような粗放な土地利用型農業での対応が求められる。そこにミスマッチがあり、農外企業の出番になったといえる。

粗放作目は採算性にはほど遠い。その点をカバーしたのが、農外で培われたノウハウを利用した加工・販売部門への取組みであり、また設立母体企業が従業員を融通したり、冬期の雇用の場を用意したり、給与をつぎ込んだりのサポートがあった。つまりたまたま農外企業が取り組んだということではなく、そういう必然性があったといえる。

建設関係の企業には公共事業の減少による受注減をカバーしたいという思惑があっただろうし、また水無ソバ組合の消防署の方も定年が近づいていたかもしれない。しかしＦ・Ｋファームも南会津グリーンサービスも株式会社の一部門、あるいは子会社としての設立ではなく、独立の農業生産法人の設立の形をとったし、設立母体（本業）への経営的貢献というよりは、むしろ従業員を融通したり、冬期の雇用の場を用意したり、給与をつぎ込んだりで、「農外からの持ちだし」のほうが多いのではないか。せいぜいトータルとしての雇用の維持効果くらいだろう。

つまりナショナルブランド企業の「地域農業囲い込み戦略」などからはほど遠く、地元企業の地域貢献に近いといえる。そのような意味では地元企業の農業進出も土地利用型農業の担い手像の一つに加えていい。また両者とも農地の所有権取得の余裕もなければ、その気もない。

むしろ加工・販売、販路の確保など、企業ならではのメリットが活かされており、またそのことが粗放な土地利用型農業の取組みが成り立つには不可欠である。

しかしF・Kファームの社長は高齢で、その後継者確保が必要であり、南会津アグリサービスはアスパラ専作で、耕作放棄地対策には限りがある。

かくして農外企業に頼り切れないが、個別の集約作目農家に期待するのも難しいとしたら、何らかの集団的・協業的対応が求められる。その点で、農協や農業委員会といった農業団体が、このような農外からの動きをどう受け止め、耕作放棄地問題を自らの地域農業の問題としてどう考えているのかが問われるところである。

（２０１０年10月）

２　農業生産者組織の展開――宮城県登米市米山町

はじめに

東日本大震災の被害が懸念されたが、幸い無事という確認がとれた。米山町は北上川下流域の氾濫原、遊水池にあたり、多くの沼が残るとともに水害常襲地であり、とくに調査地の一つの短台地区は昭和10年代に北陸等から入植、開墾された。一戸当たり面積も相対的に大きい新開地的な農村といえる。町内に鉄道もない不便な地域だったが、1970〜75年に専業農家が一挙に兼業化し、80〜85年にかけて農家戸数減と二兼化が進んだ。

そのようななかで町農政は完全協業による複合経営をめざす「複合生産組織化」を掲げ、多くの組織がつくられた。その特徴は、少数農家の組織化と複合化だった。

筆者は、1986年に土地込と大久保を全戸調査したので、[2]その追跡を兼ねておうかがいした。

（1）おっとちグリーンステーション

経過

追土地集落は、短台地区に隣接するが、明治初年の中津山村に属する古い集落で、現在は120戸、うち農家80戸、163haの大きな集落である。

この集落のトップ農家の後継者4名が立ち上げたのが、法人の前身である「追土地中央生産組合」である。当時、農村青年の4Hクラブ運動が全国的に盛んで、追土地でも12名の若者が「4H三度笠」をつくり、水稲の研究活動をしていた。現組合長の柳渕淳一さん（53歳）もその中にあり、奥さんともそこで知り合った。

彼らがまず問題としたのは機械の過剰投資で、共同防除機の導入の相談に役場を訪れたところ、

「複合生産組織」の提唱者である千葉孝喜氏にライスセンターを含む完全協業組織化を勧められた。それに前向きだったのが６名、最後まで残ったのが４名だった。

柳渕さんの例では、当時、経営を継いだばかりの43歳の父が、コンバイン等をそろえて親戚から請負耕作して５ha経営にのりだそうとした矢先、それを断念させて隠居を迫ることになった。まさに青天の霹靂であるが、ともかく説得に説得を重ねて成功したのが４人だったわけである。お父さんたちはその後、60歳まで土建屋勤めになった。言ってみれば、経営の一代飛び越し継承のようなものである。

こうして１９７７年に生産組合が組織された。メンバーは柳渕さん20歳のほか、26歳、25歳、20歳の４名だったが、もう一人の20歳の農家は今から３年前に脱退した。息子さんが新たな法人（株式会社・追土地アグリプランニング、水稲6.6ha）を立ち上げたのに伴うようである。

４名は農業専業で食っていくことを決意し、事業の頭金も親に迷惑はかけられないということで、育苗ハウスの後作として３００坪の夏ホウレンソウの栽培に取り組んだ。78年には地域農政特別対策事業で機械一式を入れ、79年からはほ場整備がらみでブロックローテーションが開始され、麦作80haほどを後続の２集団とともに引き受けた。

その後の動きを簡単に追うと、１９８１年には育苗ハウス利用のマスクメロン栽培（２００㎡）の開始、82年には地区再編農構事業での野菜温室（５０４０㎡）によるイチゴ栽培と堆肥舎（２５０㎡）建設、92年には花の郷づくり総合推進対策事業による鉄骨ハウス（５０４０㎡）とロックウール栽培システム導入によるイチゴからバラ栽培への転換、93年からは都市農村交流をきっかけに特別栽培米への取組み、94年には先進的農業生産事業による玄米ばら出荷施設と機械一式を導入、と補助事業を活用しながら作目転換を進めてきた。イチゴからバラへの転換は、イチゴは繁閑が激しく人の確保が難しかったためである。基本的には水稲と集約作目の複合経営の展開により、4組の夫婦の農業での完全燃焼を狙ったものである。

そして1995年には有限会社「おっとちグリーンステーション」を設立した。取組みから20年弱のことである。その基本は経理の明確化である。事業規模はどんどん拡大してきたが、給与は運転資金が枯渇しない程度に分配し、精算は年末一回というやり方に対して、子育て真っ盛りの奥さんたちから、月々の安定した収入が欲しいという声が強まった。そこで税理士を入れ、部門ごとの責任を分担し、部門別収支を明確にした。ここに少数生産者組織の特徴が現われている。すなわち協業組織といってもあくまで個人、家族の自立の上での分協業ということである。

法人の運営

まず労働力の面であるが、①構成員（役員）3名。柳渕さん（53歳、社長・野菜担当）、福泉さん（57歳、水稲担当、前社長）、芳村さん（59歳、大豆・経理担当）である。社長は交代で務めるようにしている。②社員はそれぞれの奥さん（福泉さんの奥さんは水稲チーフ、芳村さんの奥さんはコマツナのチーフである）と新入社員2名である。新入社員は前述の元からのメンバーが辞めたことに伴うもので、32歳氏は芳村さんの娘婿、若柳町の人で農協勤務を辞めて法人に入った。もう一人の26歳氏は南方町の農家の長男で、古川農試のオペレーターをしていたが、農業が好きということで入社。ゆくゆくは家を継ぐ意向もあったようであるが、社長が見るところ、最近は法人のほうにウエイトがあるようである。月給は20万円。社長は、「露地野菜は一生で30回しか収穫できない。若い人を採用して長いスパンで後継者を育てないといけない。栽培はマニュアル化しているが、経営的な哲学や観察眼を養うには時間がかかる。昔は村全体で人材を養成したが、その機能は失われたので、我々のような法人が担う必要がある」としている。③契約社員が30代の女性２名で、農業と経理の担当である。農業担当のほうは奥さんたちの後継者要員である。④パート社員が18名。

経営面積は、組合発足当初は自作地の持ち寄り12 haに請負耕作地が３ha程度だった。作目は水稲の他、ホウレンソウ、キュウリ、キャベツだった。

主に「やみ小作」で面積を延ばしてきたが、95年の法人化から利用権に切り替え、現在は経営面積は約37 ha。小作地は作業委託からの移行が５割、はじめから利用権が５割であるが、最近は後者が増えている。追土地外が７割で、50数カ所への分散が最大の悩みになっている。クルマで15分、トラクターの自走で30分かかる。小作料は2.5万～３万円であるが、希望としては２万円にしたいところである。

２０１０年から鳴子町の山間に３haの畑を借りてニンジンの生産をしている。平坦の田んぼだと大雨の被害を受けるのでリスク分散を図りたいこと、水稲の情勢が微妙になってきたので園芸に力を入れたいのが理由である。10年中にも鳴子で5haの所有権取得をしたい意向である。地価は10a15万～20万円程度である。

現在の作付けは、水稲28ha、大豆30ha、野菜が枝豆3.8ha、ニンジン3ha、ホウレンソウ2.6ha、コマツナ（ハウス）0.7ha、インゲン0.1ha程度の合計65ha程度である。

コマツナはバラからのごく最近の転換である。バラは50aを20℃に保つためには燃料代がかかり赤字となったので転換した。ここに主にパートが入り（時給700円）、雇用効果が認められる。

土づくりに力を入れ、前述のように堆肥舎も設け、牛糞、鶏糞、稲ワラ、籾殻を混ぜて切り返し数カ月寝かせて完熟堆肥にし、10a当たり1.5t入れている。「土づくりが栽培技術の8割を占める」と考えている。水稲と大豆は慣行栽培の2分の1以下に減らした減農薬・無化学肥料栽培、野菜は減農薬・減化学肥料栽培で、全て特別栽培の認証を受けており、エコファーマーの資格をとっている。

水稲は4年前から「ひとめぼれ」の乾田直播に取り組み、2010年2.7ha、11年には3haの予定である。施設利用面から慣行栽培と半々の取組みがベストとして拡大予定である。覆土だけでは播種の深さを一定に保てず発芽が問題で、慣行栽培の反収9～10俵に対して7～8俵にとどまっているが、問題を解決すれば反収はあがるとしている。「乾田直播はスニーカーを履いてできる若者向けの米づくり」と期待している。

転作大豆は2000年から隣の的場集落の組織と大豆コンバイン等を共同利用し、70haこなせる能力を有し、現在はおっとちが30ha、隣集落が20haを担当している。

ホウレンソウと枝豆が作業競合するが、その他はあまり重複せず労力分散できている。
販売面は、コマツナは市場出荷、米は地元のほか長崎から北海道までの米屋が6割、農協3割、個人直販が1割、枝豆は地元、ニンジン、ホウレンソウは関東方面のスーパーと契約栽培、大豆は農協経由で仙台の味噌業者との契約栽培である。「いいものは品物がひとり歩きしてセールスしてくれる」という。これからは販売と野菜の下物処理等の加工も考えるべきとしている。米の輸出も考えるが、安易に輸出に頼るのも考えもので、いずれにしても付加価値を高めることが重要としている。

資材購入の面は、肥料・農薬は商系、燃料は農協と使い分けている。農協に対しては大口需要には配慮して欲しいとしている。その点で商系は数量による価格交渉とともに「販売先とセットしてくる」メリットがある。

運転資金はスーパーS資金を利用している。銀行のアプローチも多いが、幸か不幸かここはATMもない地域だという。

経営収支は、売上高が8800万円、助成金等が2700万円、営業外収益が400万円で、経常利益1800万円を出し、固定資産圧縮損や農業基盤準備金積立損1500万円を差し引き、トントンの収支にもっていっている。助成金がなくなると経営は成り立たなくなる。役員報酬は3人トータルで1600万円でそれほど高くないが、奥さんとの共稼ぎの面もある。トータルでみて非常に健全な経営といえる。

法人の継承

柳渕さんのところは息子さんは教員、娘さんは看護士で、自分たちも親に逆らって始めたので、子どもに農業を押しつける気はない、やる気のある人に継いでもらえばいいとして、従業員からの登用も視野に入れている。前述のように芳村さんの娘婿は法人で働いているが、福泉さんの息子さん33歳は、3人で組織をつくり土地も新たに取得してイチゴ栽培に取り組んでおり、法人に関わる気はない。

地域の将来については、すでに法人が集落160haの3分の1をカバーするようになっているが、法人だけではカバーしきれない。個別農家で米を中心とした7、8haの有畜経営もあるが、米中心では政策の変化等についていけず、複合経営としての強みが必要ではないか、組織が育って欲しいが、人間は感情の動物だから集落営農というより我々のような3～4戸の組織をつくる方がよいのではないか、としている。

（2）その他の組織のその後

大久保生産組合

旧吉田村朝来集落の大久保実行組合を母体として1983年に設立された。86年当時の集落の階層構成は図表2－1のようだった。当時の大久保は計23戸のうち、3ha以上が7戸、2ha未満が16戸、上層は本家、農地改革前の地自作層、2ha未満は旧小自作層と両極分化的だった。有畜経営が主流

図表2-1　1986年当時の農家構成　（単位：戸）

集落	経営規模	世代構成			
		4世代	3世代	2世代	1世代
大久保	300a以上	4（3）	3（3）		
	200～300		1	1	
	100～200		4	2	1
	100a未満	1	3	2	1
	計	5（3）	11（3）	5	2
土地込	300a以上	5（3）	3	1	
	200～300	1	7（2）		
	100～200	1	1	1	
	100a未満	1			
	計	8（3）	11（2）	2	

注：1. 全国農地保有合理化協会『農業改良資金借受農家の経営展開追跡調査報告書』（1987年3月）による。
2. （　）内は組織参加農家。

で、公害対策に悩み、糞尿処理施設をつくろうという話が生産組合化に発展し、集落全体に呼びかけたところ、結果的に当初の「生き物屋」6戸だけの組織に落ち着いた。図表2－1にカッコ書きした6戸で、全て3ha以上農家である。トラクター3台、田植機4台、コンバイン、バインダー各2台等を導入し、稲作の機械作業は共同、管理作業等は個人作業、稲作の作業受託5ha、転作受託10ha、84年から施設園芸30aを始め、女性が担当した。6組夫婦が出役し、男1500時間、女1000時間程度出て、100万円程度の収入だった。収穫物は個人有であり、10a2万円の賦課金をとっている。うち1戸は酪農を相当やっていたが、後継者が兼業化して日数を減らしている。

当時の全戸調査では、不参加農家からは、個人有の機械もあり、面積も小さいので参加しなかった、2人出ないとだめなので参加できなかった、借金でやるのは冒険だ、労働が厳しい、といった意見が出ていた。

要するに三世代以上がそろった上層の農家が、稲作機械作業を共同処理しつつ、個別に酪農等の畜産拡大に勤しむ組織だった。その後については発足後3～4年で解散したということで、詳しい話はわからないが、「おっとち」と異なり、メインが共同におかれていなかったので、力のある農家同士、不満がでれば解散も早かったのではないかと推測される。

土地込生産組合

前述の短台地区の土地込集落21戸を基盤にした水田耕作の組織である。1986年当時の農家構成は図表2－1のとおりである。当初は2戸の農家でやるつもりが、事業の関係で15～16戸に拡がり、最終的に6戸に落ち着き、新農構事業で1980年の発足となった。参加農家はカッコ書きした2ha以上5戸である（1戸は離農）。機械装備等は「おっとち」とほぼ同様で、事業費6000万円、補助率58％だった。作目も大久保と同様であるが、当時の町としては唯一の完全プール計算制による全面協業経営の形をとった。結果的には、意思統一よりも形が先行したのかもしれない。

日当として男5000円、女4000円が支払われ、10a4万円の賦課金を取った。世帯主の出役はほとんどなく、跡継ぎ夫婦が主体の経営だった。不参加の農家からは、話がなかった、仲間内で始めたのではないか、使える機械を処分するには抵抗があった、二世代そろっていないと参加できない、サラリーマン並み組織で自然を相手にする農業ができるのか、といった意見や疑問が出されていた。他方で、トップの農家は、生産組合は農業専業なので兼業化はできないが、労力的なゆとりができたので肥育牛25頭に取り組みだした。

彼に言わせると「組合だけでは一家の自立はできないので、世帯主が組合にはまるのはだめだ」ということだった。こうして後継者が農業の主体になり、世帯主は日稼ぎに出るようになった。この辺までは「おっとち」と同じパターンだった。

その後については、まず84年に1戸の世帯主が死亡、跡継ぎは役場に内定しており、離農して農地を組合に預けることになった。さらに86年にもう1戸が、父親の事業の失敗から農地を全て処分して離農、話し合いで農地はなるべく集落内へ、ということで、組合員のメンバー3戸（40ａ、50ａ、60ａ）と集落外の1戸で分割した。

残る4戸で完全協業を続けたが、91年に1戸が離脱。離脱に際しては地権者との話し合いで15ha程度の利用権を自分のほうに移し（現在は58歳で20ha超を経営、自作地は3ha、女の子だけ）、さらに2006年にもう1戸が肥育牛125頭用の畜舎を建てて組合には出てこなくなった。残ったメンバーとしては、「ここだけの労賃収入では大変だったのだろう」とみている。

組合は10数年前に法人化も検討したようであるが、毎月の給与支払いが最大の難点で、法人化には至らなかった。

結局2人だけが残った。Aさん（66歳、妻61歳、子どもは女の子だけ、自作地2.5ha）とBさん

（夫婦とも56歳、長男は高校生、自作地2.9ha）である。Bさんは畜産（牛肥育）もしていたが、火災等で4年前にやめた。2人で自作地と合わせて24haを耕作している。作業は協同で行なうが、経理は個別化し、利用権を持ち込まれた場合は2人で折半し、機械等の借金も2人で返している。しかし2人は「先が見えないのであまり規模拡大するなよ」と戒め合っている。

土地込は本節冒頭に述べたように新潟の開墾地主との間で「労務供給折半制度」という形で1戸2.4ha、計50haの入植となったところで、一代目の共同意識には強いものがあった。しかし入植も三代目に入り、それも50代を越すなかで、「昔は共同で苦労したので、もう共同はいやだ」という気持ちであり、しかも今なお70代、80代の世帯主が「アンコをしめている」（家の権限をもつ）状態で、集落農業の将来が思いやられるとしている。現在、耕作しているのはA、Bさんを含めて8戸になった。うち2戸が組合関係者ということになる。

（3）3事例の比較

3事例の比較は後講釈的なものになってしまうが、①いずれも集落上層農家の少数協同として出発したこと、②ワンマン農業者の組み作業協同としての「農業生産者組織」ではなく、ほぼ夫婦単位の参加であったこと、の二点は共通している。

そのうえで、③大久保については、個別の畜産を主部門とした農家が稲作の共同処理のため組織化したものであるが、結局は稲作部門と畜産部門の競合を残し、後者が拡大すれば競合が強まり、稲作の省力化が進んで個別での対応が可能となれば必要性が乏しくなった。結果的に補助事業での機械導入が主だったということにもなった。

④「おっとち」と「土地込」の違いは、集約的な野菜作という複合部門を導入・拡大・定着させて夫婦単位の労働の完全燃焼を果たせたかどうかにあるようである。稲作主体では農繁期だけの就業、全体として過剰就業になってしまう。個別に他作目を入れれば、そちらが主になる。

⑤そのうえで主体的な面としては、親子間の意思統一（「いえ」をどうしていくのか）、役割の分担・平等化、奥さんの明確な位置づけ、経営継承者育成の違いがある。

（２０１０年12月）

３　東北中山間の集落営農法人——岩手県ＪＡいわい東管内

はじめに

ＪＡいわい東は、１９９７年に岩手県南の東磐井郡の６つの総合農協と１つの酪農協とが合併してできた。当時は４町２村にまたがっていたが、その後、行政は藤沢町を除き、一関市に合併した。農協合併については県内６農協構想があり、検討中である。農協は合併に当たり支店を半分の11支店に統合したが、営農センターは旧６農協ごとにおき、さらに大東町に総合営農センターがおかれている。組合長としては、末端組織は組合員との接点に当たるので、今後の合併に当たってもさらなる支店再編は考えていない。営農指導員は兼務を0.5人にカウントしているが、実人員としては50名以上にのぼる。

2009年の販売は畜産55%、園芸25%、米穀20%で、和牛、酪農とともに園芸部門が強い。園芸はトマト、キュウリ、ピーマン、小菊、リンゴ等で、仏花用になる小菊は東北一の産地になっている。部会は、稲作は旧農協ごとの部会だが、和牛改良、花卉、リンゴ、トマト、キュウリ、椎茸、ミニトマト等の部会は農協一本に統合されている。

品目横断的政策をにらみ、06年には農政対策課を設置し、7名のスタッフで、行政とも連携を密にして、担い手や集落営農の育成に当たっている。現在のところ集落営農組織は11、うち3つが法人化しており、さらに2つほど立ち上がる予定である。集落営農の取組みは旧千厩《せんまや》町が先行し、次いで藤沢町であり、大東町は遅れている。隣の岩手南農協管内でも集落営農が進んでいるが、当農協管内のそれは園芸作を取り入れ、集落営農化で手のあいた農家をそこで雇用して組織への帰属意識を高めている点が特徴である。

農協は、税理士を雇用して集落営農の経理事務を受託し（手数料は10万円以下）、資材の大口利用は5%引き、集落営農にはさらに2%ディスカウントしており、2010年秋には集落営農協議会を立ち上げることにしている。集落営農からの運転資金の要望はあまりないとして、今後は農協の出資も考えている。

このような東北中山間の稲作と畜産、園芸との複合経営地域にあって、大小2つの集落営農法人の動きをみていく。なお、いわい東農協は東日本大震災でかなりの被害を受けたが、以下の報告事例については甚大な被害はなかったと聞いている。

（1）農事組合法人・ときの森ファーム

旧千厩町小梨村の尖《とぎ》の森集落をエリアとする組合員43戸、利用権23・３haの法人である。組合の前身は１９７０年頃のほ場整備に伴い設立された水稲生産組合である。ほ場整備は小梨土地改良区によるものだが、当時の７～８ａを15ａ区画にするのがやっとだった。そこで２００２年に工事残土を使って全面積の半分を50～60ａ区画にしたが、残り半分のほ場整備の計画は今のところない。

水稲生産組合は代掻き・育苗・田植えの共同だった。沢の水が少なく、水争いをしないように組合で一括管理するのが目的だった。この方式は他の地区にも拡がるモデルになり、現在まで続いているが、だんだん田植機を運転できる人が少なくなり、オペレーターは５～６人になった。１９７９年からは隣集落から最大で４haほど受託するようになった。

このような長い春作業共同を経て、２００４年に農事組合法人化した。任意組合としての積立金が１５００万円を超すようになり、役場に勤めていた構成員から課税対象になる旨を警告されていた。県のほうにも法人化推進の機運があった。集落内では50～60ａの農家よりも１５０～２００ａの規模の大きい農家が機械投資等に悲鳴を上げていた。当時の計算では法人に貸し付けて、10ａ当たり小作料2万円と畦畔などの管理料1万円の計3万円になれば、2haだと60万円になるという計算もあった。法人化に際しては、県OBが農業団体のアドバイザーとして相談に乗ってくれた。法人化に当たっては、出資金500万円は先の積立金を個人配分した分を充てた。特別の補助事業はなく機械の一部は生産組合時代のものを借りることにした。法人は立派な建物に入っているが、それは中山間地域等直接支払いを個人配分せずに貯めて建てたものである。

法人には集落のほぼ全戸と、一緒にほ場整備した隣集落の7〜8戸が参加して、43戸の構成員となっている。

組合長は63歳、県立高を経て現在は私立校の事務長を務めており、妻も現役教員。1haの農家でもある。彼が組合長に選ばれるに当たっては、後述する加工施設等の取組みを見越し、「農業一辺倒ではだめだ。社会情勢が見える地元の人を」という声に押されたようである。副組合長64歳は、地元の誘致企業に62歳まで勤めた後、ファームの役に就いた。農業面の責任者である。事務局長55歳は市役所職員で経理に強いことを買われている。

法人はほ場整備済みの23haほどの利用権設定を受けている。うち1haは隣集落からのものである。その他に2009年4ha、10年9haの畑を事実上借りている。これは耕作放棄地の解消を兼ねて、水田よりも出来のよい大豆生産に取り組むためで、戸別所得補償制度の畑作への拡大も睨んでいる。

水田の小作料は10a1万4000円である。設立当初は2万円だったが、経営が苦しく2回下げてこの水準にした。加えて草刈りを地権者が行なった場合は10a6000円が支払われる。これらの水準は3年前からである。草刈りを法人に頼むのは3戸程度というので、管理作業はほとんど自家でやっているといえる。畑の小作料は３０００円である。

２０１０年の水田の作付けは水稲12・５ha、大豆5.8ha、小菊2.5ha、飼料米（地域の企業養豚と契約）2.3ha、育苗ハウス0.2haである。

オペレーターは常時４〜５人（30〜62歳）、作業員は８人、うち６人は小菊担当の女性で32〜77歳である。時給はオペレーターが８５０円、作業員が７５０円である。なお役員報酬は年俸で組合長25万円、副組合長20万円、理事５万〜10万円である。

収支は農業の赤字を営業外収入（交付金等）でカバーして、経営基盤強化準備金の積み立てなしでほぼトントンである。交付金等の助成がなければ経営は成り立たない、戸別所得補償は畑作まで拡大すべきである、としている。

販売も購買も全て農協を通している。この規模では自分たちで手がけるよりは農協にまかせたほうがよいと判断している。農協は現金取引でないのが一番助かる。

部門別には小菊が２００万円以上の赤字になる。「77歳の人にまで７５０円払って赤字なら小菊はやめたほうがいいのでは」と質問すると、組合長は肯定的だが、副組合長は「確かにそのとおりだが、米・大豆は数人でできてしまい雇用力がない。全体でトントンなら地元に雇用と収入をもたらすことが大切だ。地域にも７００万円のカネが入る」と反論する。

法人としての規模は小さく、農業では赤字である。そのなかで２０１０年の総会で農産物加工施設

2800万円（国・県の補助を半分見込む）の投資を決めた。発想は小菊と同じだろう。地域に要介護者や一人暮らし高齢者が増えたので福祉弁当に取り組み、豆腐製造、味噌加工にもチャレンジする予定である。社協から1食400円の補助金が出るので、1日100食で採算ベースにのるとみる。事務局長が市職員であり、その方面は明るい。そのために新たに人を雇用し、また原材料も米は自家製としてもその他は地元主体の仕入れになる。総会では「もっと農業に力を入れるべきではないか」という意見もあり、やっと決議にこぎ着けた。この事業の成否が当面の法人の勝負どころだろう。

このように多角化に活路を見出そうとしているが、法人自体は同じメンバーできているためオペレーターも高齢化し、外部からの雇用も考えねばならない。そうすると規模が問題になる。近隣の集落営農との合併も役員レベルは考えているが、相手あっての話であり、なかなか難しい。その辺は農協が立ち上げる集落営農組織連絡協議会のなかで考えたいとしている。

(2) 農事組合法人・おくたま農産

旧千厩町奥玉村には8集落があるが、1集落を除き昭和30年代にほ場整備し、2～5a区画を30a区画にした。そして1997年から21世紀型・担い手育成の再整備に取り組んだ。若い世代が担い手として農業に取り組まず耕作放棄や限界集落化が始まるなかで、「ふるさとを荒らしたくない」という気持ちで取り組んだ。折から一級河川の改修工事や広域道の工事がなされ、その創設換地の売却で工事費を賄うことができた。ほ場整備は1ha区画が20%以上というのが条件で、平均70～80aになっている。

ほ場整備後に各集落ごとに営農土地管理組合とその協議会もつくられた。組合のあり方は集落により様々だった。

組合長（65歳、水田2ha、畑60a、酪農を減らして20頭搾乳、跡継ぎは自営業）の町下集落は90戸、実際の組合員は69戸で、22ha。兼業していて残っている6名がオペレーターとして3作業と水管理を行ない、畦畔管理は希望者への割り当て、小作料は標準小作料を適用し10a1万円くらいだった。転作も対象にした。

副組合長（53歳、水田1.3ha、畑2ha、施設トマト、繁殖牛3頭、跡継ぎは北上市でサラリーマン）の三沢集落の場合は、担い手3名がオペレーター賃金をもらう作業受委託方式で、畦畔管理は全戸で行ない、プール計算した剰余を面積割りしていた。

さらに個人に任せる方式もあったが、三沢方式・個人方式は各1件で、他は町下方式だった。ほ場整備は担い手への利用集積を要件としていた。そしてみんな忘れてしまったが、法人化も要件だった。町下・三沢は集落単位での法人化を考えていたが、他集落は「うまくまとめられない。大きな所でまとめてくれ。1工区なので一つのほうがよい」という意見だった。

こうして2007年に明治合併村の単位の法人化になった。残りの1集落にも声をかけたが、参加には至らなかった。「利用権設定で一つの農家になるんだよ」と呼びかけたという。組合長は、「この10年の積み重ねが大きかった、土地管理組合で個人で営農している感覚が薄れていたことが法人化を容易にした」としている。機械は農協リースに依存している。出資金は4000万円だが、前述の創設換地絡みの積み立てがあり、個人負担はしていない。

構成員339名、利用権面積174haにのぼる。7集落のほぼ95%が参加した。運営方式は、まず小作料が10a1万3000円。機械作業は法人、水管理と畦畔管理は、7つの組合を法人の事実上の下部組織として残し、後方支援部隊と位置づけてそこに任せ、中山間地域等直接支払いの緩傾斜の8000円のうち3000円分をその支払いに充てている。

オペレーターは常時10名程度で38~70歳、50代が多い。作業員はオペのほかに17~18人。時給はオペが1300円、その他は1000円で、昨年から各300円賃上げしている。

作付けは水稲103ha、飼料作32ha、大豆12ha、飼料米3haのほか、小菊、トマト、枝豆、そば、スイートコーン、白菜、えごま等が計17haになる。うち小菊とトマトは個人に作業委託、その他はお年寄りの「朝夕会」や集落の組合が管理している。

小菊とトマトは個人受託だが、当該農地の地権者に対してではない。そこは法人への利用権設定のうえで、法人・組合を通じて調整されている。すなわち「営農土地管理組合」は文字どおり、土地利用調整組織でもあったのだ。土地はほぼ固定されているが、個人相対でやると、「あの人には貸したくない」といった感情が残るので、あくまで法人に貸す方式である。小菊等は若い農業者が取り組んでおり、法人一元化でその意欲を潰してはならないという配慮をしている。

加工販売部を当初から設けているが、2009年に「工房あらたま」をつくり、味噌加工、米粉によるケーキの試作等を行ない、メンバーは30代から70代まで14〜15名。味噌は２０１０年から販売を始め、組合員や市内向けに販売しており、60万円程度。米粉も２０１０年から始め、菓子、シフォン、パン、ケーキ等に加工しているが、一挙に手を広げると負担になるとして、今のところは農協や市のイベントに出品する程度である。直売は考えていない。そのために人件費がかかり、流通面での苦労を考えるとプラスにならないと、牛乳のアウトサイダーの動き等を睨みながら考えている。

農産物の販売と資材購入は全て農協を通している。「農協は農家の上部組織だから、それを利用しないのはおかしい。その農協の進む方向がちょっと変わってきているが、それを修正するのも我々だ」と話しており、農協への帰属意識は高い。農協の資材購入は大口で５％割引、集落営農には７％割引だが、あとから精算されるのであまり意識できず、メーカーは10％は引くという。

これだけの大規模組織ながら、収支は機械購入・圧縮損等の特別損益を除き１００万円ほどの赤字になっている。先に畦畔管理を組合に委ねるとしたが、中山間地域の管理は組合だけでは無理で、地権者に草刈り何回とお願いすることになり、その対価が年間収益に応じて「作業委託費」の形で10ａ2万〜３万円支払われているからだ。「高すぎるのではないか」という問いには、「ふるさとを守るための組織であり、ふるさとはみんなで守る必要がある、後は法人に任せたでは地域は守れないし、この支払いがなければ法人もできなかった」と言う。なお役員の年俸は10万〜35万円である。

法人の今後については、役員やオペーレーターの後継者も確保しており、また定年退職者も地域に入ってやってくれるので心配ない。法人のゴールは残り１集落も含めた奥玉村全体の法人化だとしている。

（3）東・西日本に共通する中山間地域の集落営農

東日本・東北においては、一定規模の農家が層厚く存在するために、西日本のような個別の担い手農家が希薄なもとで地域ぐるみで集落営農化するケースはあまりみられない。いきおいペーパー集落営農か、少数生産者組織化か、ということになる。

しかるに東磐井の事例は、同じ東北にあっても、中山間地域の場合は、西日本と同じ、地域ぐるみの集落営農化がみられることを示している。そこでの水管理・畦畔管理等に厚く報いる論理も西日本と同じである。それを支えるのは、相対的な規模の小ささ、兼業化、集約作目の展開等である。つまり集落営農における西日本と東日本の相違にみえたものは、西日本、東日本といった農村・農家の歴史的社会構造の相違ではなく、地域農家の現在の存在構造に根ざすものだったといえよう。そういう観点から集落営農の論理を見つめ直す必要性を示唆する事例といえる。

（2010年8月）

４　新規就農支援――北海道道央の農業公社と民間法人

はじめに

農業就業者の平均年齢が65・８歳になったことは、ただちに日本農業の自壊を意味せず、日本農業が最終的な世代交代期に入ったことを物語る。世代交代に失敗すれば確かに自壊する。しかしうまく世代交代を果たせればそんなことはない。構造政策の最大の焦点もそこにあるといえる。

世代交代については、ａ・個別経営の世代交代とｂ・地域農業の世代交代という視点、ｃ・既存経営の経営継承とｄ・新たな経営創出（新規就農）という視点がある。ａとｃは重なるが、ａはそれだけでなくｄの新規就農を通じてもなされうる。またｂについては集落営農（法人）化がひとつの有力な経路になるとともに、ｄもまたｂの一環になりうる。

かくして新規就農は、個別経営・地域農業の世代交代を考える上でポイントになる。本節では、北海道道央の農業公社と民間法人の２つの新規就農支援の取組みをみる。

（1）道央農業振興公社の取組み

新農村コミュニティ・ビジョン

同公社は2005年に設立され、広義には市町村公社の範疇に入るが、道央農協等とその管内の江別・千歳・恵庭・北広島の4市によって設立された広域市町村公社という特色をもっている。そこには札幌近郊の4市にまたがって広域合併した農協が、組合員平等の見地から、行政の農政に対する温度差を高位平準化したいという思いがあったようだ。国の担い手育成総合支援協議会も同公社が主体となり、公社は自治体とともに、4自治体ごとにワンストップ窓口としての「担い手育成センター」を立ち上げ、国の補助事業による農地調整員を各3名程度配置している。さらに担い手係、公社との調整係として各1名を公社から派遣しているが、行政からの人員派遣は実現していない。

出資金1000万円、運営資金3800万円は農協と行政が折半してきたが、運営資金の1000万円増額も同様にしている。職員は28名、うち農協から出向が7名、その他は主にプロパー職員だが、さらに新規就農のトレーナーとして農業改良普及員OBが1名加わった。

同地域は、2008年に国の農地利用集積円滑化事業と円滑化団体の設立を見越して、各市ごとに農業団体を構成員とした農用地利用計画会議を立ち上げ、その下に同調整会議を設けた。調整会議は農業委員の主たる活動の場になっており、利用権等の期間、小作料、相手方、両者の合意形成等を主なテーマにしている。

公社は立ち上げ時に続いて、2009年8月にも管内の農地所有者・耕作者を対象にアンケート調査を行ない（回収率90％以上）、それに基づいて新農村コミュニティ・ビジョンを樹てた。簡単にアンケート結果を踏まえた将来予測を紹介すると、①概ね5年以内に農業を縮小・廃止する戸数（65歳以上、後継者が「いない」あるいは「未定」）は23・5％、その農地は9.6％に及び、認定農業者726名も8.3％減少する、②2015年の販売農家の年齢構成も60歳台が19・7％、70歳以上が24・5％に達する。59歳以下は55％で変わらないが、60代が減り、70歳以上が大幅に増える傾向である。

公社はこれを踏まえて、利用計画会議で農地を地図に落とし込み、認定農業者、拡大志向農家、多様な担い手の状況を勘案して農地利用集積プラン（新農村コミュニティ・ビジョン）の立案に向けたブロック割り、モデル地区づくりを行なうこととした。「主たる担い手農業のフル発揮と新たな人材確保を含めた集落機能と生産活動が一体化する農地利用集積プラン」としている。集落機能と生産活動を一体化した地区としては1ブロック500haを想定している。

具体的な内容は、これまで公社が実践してきた事項であり、農用地等の維持・確保と主たる担い手の育成・確保である。前者は合理化事業が主体になるが、利用権は2009年度200ha、2010年度290ha程度で、毎年コンスタントに100haくらいずつ増大している。他方で、売買は年200～250haあり、こちらのほうが多くなる可能性もある。売買については資金が絡むので、計画会議で話がついたものが公社を通じて道公社につなげられる。

担い手の育成・確保については、認定農業者支援、農業法人の設立支援、新規就農者の育成・確保が柱になる。

さらに集落機能を重視する新農村プランでは、「新たな環境変化に対応する多様な役割と人づくり」に取り組み、その対象として兼業農業者、生涯現役農業者（直売・インショップ等への販売の農的暮らし型と食農教育への貢献→経営転換のサポート）、定年帰農者（生涯現役世代の後継者→就農開始サポート）、企業参入者（地区合意が得られる企業による雇用創出）、雇用従事者・新規就農者（担い手・地区内労働力の確保→初期投資を抑えた早期経営安定化サポート）をあげている。これらを含めて前述の500haブロックの形成をめざすわけである。

農業法人の設立支援については、限界集落化に備えてJA出資も視野に入れた「育成型」、農協とともに生産販売戦略を展開する「戦略型」、農地集積・経営多角化をめざす「担い手型」の3類型を設定しているが、今のところ実績は担い手型のみで、そのモデルは当初は5戸で100ha、目標は200haにおいている。

これらのビジョンのうち、新規就農者支援や戦略型法人は後述する余湖農園の活動も念頭にあるようである。

道央公社の新規就農支援

公社の主な研修事業としては、スキルアップカレッジ（農業後継者等に対する幅広い経営・生産技術、酪農学園大学での実習等、女性農業者交流研修。女性研修は直売所関係が多く、起業家をめざして情報交換）、農業塾（農協青年部を卒業した30代後半から40代の地域リーダー（候補）を主たる対象とし、認定農業者・同志向農業者など概ね20名を1期2年で塾生とし、幅広い視野と知識習得、カット野菜、レストランなど事例をみながらの研修、１９９５年開始）、新規就農研修、ニューファーマー育成研修がある。このうち後二者についてみていこう。

新規就農は公社が最も力を入れているもので、管内に農業参入しようとする概ね35歳未満の青年を対象に1期2～3年、毎年概ね3名の定員である。現在はあわせて8名が研修中である。25～38歳で、出身は管内1名、道外が茨城、青森、名古屋各1名で、残りは道内である。

1年目は公社の実験農場（恵庭市から無償貸与を受けた1.5ha）等でクワ、一輪車からの研修を行なう。作目は野菜がほとんどである。2年目は指導農家のもとで働きながら研修する。3年目は指導農家の隣接農地等で研修を継続する。

研修手当は、1年目については月額15万円が、公社経由で市から8カ月支給される。冬場はアルバイト等で生活費を確保するようにしている。2、3年目は月15万円のうち公社（市）が6万円を指導農家に支給し、農家から15万円が渡される（つまり農家が9万円を給与として払う）。

指導農家は法人と個人経営で、道の指導農業士、公社の「先駆的農家」が多い。34名が登録されており、作目的には畑作と露地野菜、ハウスである。農家としては責任を強く感じ、雨の日には塾生をどこかにつれていくなどきめ細かく対応しているという。

住宅は用意しておらず、自分で見つけることにしている。研修生は１００万～１５０万円の貯えをもっており、月15万円で生活は可能だという。

後述する余湖農園の場合は、農園の方で人を選んで公社で研修させている。新規就農研修が始まったのは２００８年からで、その前は地域における新規就農研修は余湖農園が引き受けていたことになる。

研修終了者4名についてみると、1名は新規就農、1名は研修先の法人の構成員になり、残り2名は法人と農家で自主研修を続けている。3年目に入った研修生2名は、指導農家での研修継続と、研修先法人への就職内定である。

先の新規就農者（32歳）は、兵庫県出身で千葉大の園芸学部に進学、アルバイトの飲食業の仕事に熱中して中退、手がけた仕事が一段落したときに農業にもういちど挑戦したい、新規就農というとハウス物が多いが、北海道の特色を活かした畑作に取り組みたいと思うようになった。妻が幕別町で3カ月の農業体験をした縁があるので、まず同町を訪問したが、畑作の好況で農地を確保するには至らず、道内各地をさがしていたところ、道央公社の職員に出会い、その熱心な勧めで公社が始めた研修を受けることにした。

研修中から農地をさがしていたが、２００9年暮に研修先の東千歳の東丘に8・25 haの貸地がみつかり、２０１０年4月からの就農となった。農業機械は地域の農家からもらったり借りたり、公社が使っていないプラウを借りたりで、初期投資は１５０万円ですんでいる。作目は野菜と畑作で、２年目には5 haの追加もでき、5年後に20 haをめざしている(3)。一種の「分家方式だね」と公社はいう。

こういう新規就農の事例を踏まえて公社が強調するのは、第一に、地域の農業者が「地域に新しい仲間が必要だ」と思わないとだめで、逆にいえば地域の農業者にそう思ってもらうことが大切だ。第二に、カネを出すだけでは新規就農は定着しない。地域に「着地」させるには農村社会に溶け込める人材の養成が大切だ。第三に、このケースの場合、子どもが一人おり、それがよかった。子どもが地域の子どもと仲よくすることで繋がりができた。子どもが仲よくなっているかも確認事項だ。莫大な初期投資をさせないためにも地域に溶け込ませることが大切だ、としている。

ニューファーマー育成研修

公社が2010年に新設したのがニューファーマー育成研修である。農家から「新規参入よりも農家子弟のほうが先ではないか」という声を聞いて始めたものである。父母が、息子が将来帰ることを期待しないで営農してきて、そろそろリタイアにさしかかったとき、突然、息子がUターンしてきて農業すると言い出し、「さてどうしたものか」という悩みをかかえた農家の声に応えたものである。当面は自分たちでも経営できるし、息子も初期投資の問題はクリアできるものの、将来どうするかという家庭内の方針ができていない農家の悩みに対応するもので、対象は農協組合員子弟で概ね35歳未満、就農3年未満の新規学卒・Uターン者で、期間は2年、毎年概ね3名の定員である。研修期間中に自家の経営分析を行ない、農業経営改善計画を立て、就農後ただちに経営改善に取り組む力を養い、規模拡大もしていける人材の育成が目的である。

配偶者をつれてきた場合の対応が今後の課題になっているが、地域に密着した公社ならではのきめ細かなプログラムだといえる。

(2) 余湖農園の新規就農受け入れと経営継承

農園の歩み

「余湖農園」と名乗るように、先祖は琵琶湖北端の余呉湖のほとりの出身で、新潟を経て1950年に千歳川から1kmの恵庭市北島の7.5haの土地に入植した。初めは畑作だけだったが、水利権がとれるごとに水田に転換して全面積を水田化した。水害の常襲地帯でもある。

現社長(63歳)は、学校で野菜作の勉強をして、1970年に生産調整政策の開始とともに就農した。初め3年は水稲もつくったが、「米が余るなかで近郊農業として何をつくるか」を考えて、野菜への転換を図ることにした。72年に有限会社化し、翌年には水稲をやめて全面積を野菜作化した。85年頃、地元の消費者グループが野菜の産直を申し入れてきたことがきっかけとなってコープさっぽろとの取引が生じ、それが主流になっていった。

1980年に4.3ha、2005年に6.4ha(公社事業)、07年に7.4ha(スーパーL資金)、計18・1haの農地を購入している。

80、81年の水害で石狩川、千歳川の道央地域は壊滅的な打撃を受けた。その頃から水害対策が検討されるようになったが、千歳川放水路の建設が環境団体の反対で遊水池190haをつくる案に代わり、開拓当初の7.5haがそれにかかった。

2009年に現在地の穂栄地区に農場施設を移転した。7.5haの代替地として22haを確保した。土地は農協と道央公社が斡旋してくれ、既存地から1km以内に確保できた。やはり地権者情報をもつ両者が農地には強いという。地価は10a53万円平均である。相手は高齢化で貸していた農家2戸と、ついでに売った1戸である。借りる人はいても買う人はいないので、競合はなかったという。

移転後の経営地は55haで自作地は42ha、うち代替地以外の22haは会社有になっている。小作地は12・5haだが、小作関係については聞き漏らした。現在は農場の二期工事に入っており、経営面積は現状維持という。

農振地域だが、開発行為の許可がおりて2010年6月に一期工事を行ない、集荷出荷施設、事務所、研修施設、中国人宿泊施設等を建て、その後の二期工事で加工場（上が第二研修室、加工体験、そば打ち体験、下は自家製大豆の味噌加工、漬け物）、車庫と緑地帯、コープさっぽろの収穫体験とバーベキューパーティ施設等を建設している。

農園の経営

農園の栽培は水耕栽培と土耕栽培に分かれる。水耕栽培は、クレソン、セリ、フリルレタスで、真冬でも地下110mからの11～12℃の自噴地下水を用いることができる。水菜、コマツナも地下水による栽培を実験しているがまだ成功していない。有機質が多いのが原因ではないかとみている。地下水利用の野菜は希少価値があるものとして売れる。

土耕栽培は、2009年ではコマツナ1030a、大根990a、ニンジン790a、ホウレンソウ770a、ソバ90aなど50品目以上で述べ作付面積は8080a、1.4回転している。多品目で売上げを伸ばす、連作障害を防ぐというメリットを追求している。大根は完全自動化しており、ニンジンも播種から自動化している。地球温暖化で11月中旬まで栽培期間がのびて収入が1000万円は増えているという。

化学肥料を使うと3年で土がだめになるとして、化学肥料を50%以下に減らしている（全道は60%以下でエコファーマー認証）。有機質肥料は、畜産農家の堆肥、市内食品会社の残渣、野菜屑、鶏糞等にバークを2割程度入れて2年間寝かせた有機質肥料を用いている。有機認証はハードルが高く、それをとるためのコストで卸値も高くなり、高値だとマーケットが絞られてしまうという理由で取得していない。

70aの土地に、長さ55m、横幅は違うハウスを21棟有し、うち2棟がカナダ製である。ハウスは二重ビニールでエアを入れると6℃違うとしており、冬は日照が多いのでコマツナ、水菜、三つ葉、アスパラ等を無加温栽培している。

冬場も、水耕、根菜類の貯蔵、ハウスの越冬野菜、ハウス無加温栽培、ハウスの早出し栽培等でけっこう忙しい。

加工部門では、2009年5月に大豆粉入りラーメンを開発した。自家製の小麦、大豆、野菜入りラーメンで、日本麦のシコシコ感のない欠陥を大豆5％でカバーしたものである。農商工連携で3000万円の融資を受けている。その他、トマト、ニンジンのジュース、ジャム、豆乳プリン（これは委託加工）、余剰品を使ったチョコレート、きなこ、道の駅等の売れ残り品を使った漬け物などに取り組んでいる。前述のように加工場も建設し力を入れる予定である。

加工のひとつとして味噌づくりに母の代から取り組んでおり、社長の妻がコープさっぽろの店舗を回って教えていたが、今は1～3月の日曜日を「味噌づくり日」として農園内に味噌加工教室を開いている。メンバーは70～80名で常連は20名程度である。

販売部門として、1991年に「グローバル自然農園」を設立した。一般市民が法人に参加できる株式会社として、株主15人、会員（提携農園）20人の構成で、株主は野菜による配当を受けられる。良品を大量に継続して販売するにはグループ化が必要として取り組みだしたもので、同農園のロゴマークで販売している。現在は実際に出荷しているのが5～6戸、うち1戸が同農園の出身者で、販売額2億円のうち農園外は1割に過ぎない。それぞれの力がついてきたので解散してもいいが、市中銀行、国民金融公庫の融資を得られるというメリットがある。

2009年の農園の販売は、生協が4分の3、その他が直売である。最近はデフレのなかで安値安定の生産者直売が伸びており、同農園も36号線沿いの直売所、道の駅、アウトレット、大通りのロコファーム、生協11店舗の「ご近所野菜」等で直売をしている。

社長は、観光農園「やすらぎの里」構想を打ち出している。道庁が進める「ふれあい農園」路線に沿ったものだが、夏は収穫体験、冬は加工体験を軸にしたい。すでに同農園は、前述の味噌加工のほか、コープさっぽろの組合員活動と連携しつつ、リンゴの花の下でのバーベキューパーティ、ミニトマトの収穫体験、そば打ち体験等に取り込んでいる。グリーンツーリズムで東京の開成高校の生徒3名を2泊3日させてもいる。

こうして味、体験、自然を通じて人々に感動を与えられれば、リピーターが増え、値段の高い安いを言わなくなる、自分のスタンスがしっかりしていれば、販売は向こうから来る、と言う（おっとちグリーンステーションの増渕さんの言と似ている）。

農園は7月のピーク時には運転資金6000万円を必要とする。それに対して農協の融資は農地担保によるもののみで、合併により建物担保も加わったが、総額で4000万円にとどまる。それに対して、北洋銀行が新たな商品を開発して、知り合いの参与を通じてアプローチしてきたのがABL（動産担保貸付）である。

ABLについては、農水省のホームページでは「借り手の事業活動そのものに着目して、農畜産物（牛、豚、野菜など）等動産や売掛金を担保に資金を貸し出す仕組み」と説明されている。あげられている事例は畜産のみだが、野菜で全国初なのが北洋銀行・商工中金と同農園の事例で、2006年から4000万円規模で開始されている。

おおまかな仕組みは、同農園の販売野菜が予冷庫段階で棚卸し資産となり、10日で売掛金が発生し、さらに10日後に商工中金に販売代金が入金して流動預金となり、この3つを担保に北洋と商工中金が２対１で融資する。回収窓口は商工中金に一本化している。農園は、ＡＢＬが可能になった背景に株式会社の農業参入が可能になったことがあるのではないかと見ている。すなわち千歳市内にもワタミ系など農業生産法人形態の株式会社の参入がみられるが、同農園が倒産した場合にもその経営を他の株式会社に引き取らせることが可能になるからである。

農園は直売に取り組むとともに販売面での農協との取引はなくなったが、このような運転資金や前述の代替地取得等では農協の協力も大きく、生産資材の半分は農協仕入れであり、また建物共済にも入っている。

農園の人材養成と継承

農場の構成員は、社長夫妻の他、Ｆさん夫妻（九州出身で前職はコンピュータ関係、研修５年で２００３年から構成員、ともに47歳）、ＩＭさん（35歳、札幌出身でフリーター、おじさんが農園の研修生だった関係で06年に構成員）、ＩＨさん（52歳、日高市出身、研修３年、独立２年ののち２００９年に構成員）、Ｋさん（25歳、つくば市出身、大学新卒）の計７人である。さらに51歳の男性（東京出身、元市役所職員）が、農園研修３年を経て独立したが、思わしくなく11年３月から構成員になる。社員として40歳男性１人と事務の女性１名がいる。その他に農の雇用事業で２名入れている。

農園は、１９９２年に新規就農研修生の受け入れを開始し、これまでに１００名程度の研修生を受け入れてきた。研修は3年間で、1年目は11万〜13万円の給与で、他地域の栽培方法との違い、慣行栽培と農園栽培の違い、男女の役割（女性のトラクター運転は不可）等を学ぶ。農業の専門書は読ませないという。2年目は、16万円で、栽培技術を学ぶ。3年目は21万円で、原価意識をもたせ、早ければ部長に抜擢して責任をもたせる。

ここから30名程度が独立しているが、上述の5名も研修生経験者である。また道央農業公社の研修生支援会に入り、同農園の研修生に公社の研修を受けさせている。

社長も65歳定年を控え、成長した農園をどう継承させるかが課題になっているが、その方針については、次のように明言している。

まず4人の子弟と農園の第三者移譲を分ける。4人の子弟は長男は市職員、次男は富山県で工作機械の設計士、長女は大阪、次女は長野で、いずれも自立して好きな道を歩んでおり、父親の跡を継ぐ気はさらさらないという。そこで子どもたちが帰ってくるふるさととして大きめな家を造った。

農場はFさんを次期社長にして継がせる。社長本人は退職金700万円と平役員報酬、そして父親の入植当初の分与地7.5 haの代替地として取得した22 haを農園に貸し付けて、その小作料10 a 1万円の収入で生活する。よい土地と農業、技術を残すため農園とグローバル自然農園の株式や資産は基本的に会社に無償譲渡する予定である。

その具体的な形態・方法は、税金関係もあり今後検討するとしているが、法人化して企業的な経営を行ない、それを第三者に経営継承していくプロセスが明示されている。

（３）新規就農支援と経営継承の長期プラン

水稲からの脱却、直売、法人化や販売会社の設立、ＡＢＬ、経営継承等、社長をはじめ余湖農園の取組みは一般の農業者離れしたものをもっている。ズバリその発想の源をうかがうと市民活動、中小企業同友会等での異業種交流が大きかったという。それが今日の農業経営に最も大切なことかもしれない。同時に自噴の自然水の利用、減農薬栽培など農業の基本を追求している。

余湖農園の新規就農支援から法人継承に至るプロセスは、世襲農業からの脱却がいかに長期のプランと実践を要するかを物語る。

道央農業振興公社もまた、従来の市町村公社にはないユニークな広域的な取組みをしている。公社は本来の農地保有合理化事業とともに法人の立ち上げや新規就農支援にも力を入れている。新規就農研修は余湖農園がいち早く取り組みだし多大な成果をあげてきたが、公社の活動はそれを引き継ぐものともいえる。公社の活動でとくにユニークなのはニューファーマーの取組みである。地域の農家のことを考え、その声を聴くことから事業を組み立てていく姿勢が生み出した取組みといえる。

道央公社と余湖農園のような民間活動の相乗効果を大いに期待したい。

（２０１０年９月、11月）

注

（１）「全国農業新聞」２０１０年４月23日、「日本農業新聞」２０１０年９月７日の情報による。

（2）全国農地保有合理化協会『農業改良資金借受農家の経営展開追跡調査報告書』1987年、「宮城県米山町」（拙稿）。追土地の組織に着目したものとして、田畑保・宇野忠義編『地域農業の構造と再編方向』1990年、農業総合研究所、第6章（田畑保稿）がある。
（3）「千歳民報」2010年5月3日。

第Ⅱ部

地域事例

はじめに

第Ⅱ部各章で取り上げる出雲平野、松本平、津軽平野の3地域について、2005年農林業センサスから簡単な比較をしておこう。農業経営体について規模別にみると（付表1）、出雲市と松本市は1ha未満経営が7割を占めているが、斐川町は1～5haが4割、津軽にいくと6割前後を占めることになる。問題は大規模農家が絶対数として一定の層を成して存在するかどうかだが、出雲市は10戸に限られるが、その他の市町は30戸程度以上で、ある程度は成層しているといえる。

次に農家に限定して、その構成をみると（付表2）、土地持ち非農家が、松本市以外の市町では3割を超えていることが注目される。松本市は土地持ち非農家に至る前の自給的農家の割合が高い。また五所川原市は販売農家の割合が高く、自給的農家が少なく、販売農家として残るか離農するかの二者択一を迫られている。

なお参考までに2005年の総農家の1戸当たり世帯員数をみると、出雲市4.4人、斐川町4.8人、松本市4.0人、五所川原市4.0人、金木町3.8人であり、調査地については常識に反して西高東低になっている。相対的に三世代世帯が多い東北にあって、五所川原市・金木町ではその「崩れ」が激しいことがうかがわれる。

その点を確認するために、やや間接的だが、2000年の総農家の世代構成を県別にみたのが付表

付表1　農業経営体の規模別構成　（単位：%）

	経営体数	1ha未満	1 ～ 5ha	5 ～ 10	10 ～ 20	20 ～ 30	30ha以上	10ha以上実数
出雲市	2,389	**75.6**	23.0	1.0	0.4	−	0.0	10
斐川町	1,421	56.7	39.3	1.4	1.4	0.7	0.5	37
松本市	3,740	**70.1**	28.4	0.8	0.4	0.2	0.1	27
五所川原市	2,012	27.8	**62.9**	6.7	2.3	0.1	0.1	52
金木町	701	31.4	**55.2**	8.3	3.3	1.0	0.9	36

注：1. 平成合併前の市町である。以下同じ。
　　2. 2005年農林業センサスによる。

付表2　総農家の構成　（単位：%、戸）

	販売農家	自給的農家	土地持ち非農家	合計（実戸数）
出雲市	45.8	23.1	31.0	100.0（5,178）
斐川町	47.2	19.2	33.6	100.0（2,924）
松本市	49.0	**27.3**	23.8	100.0（7,432）
五所川原市	**57.1**	5.9	37.0	100.0（3,504）
金木町	47.2	16.8	35.9	100.0（1,430）

注：付表1に同じ。

3である。県レベルの世代構成でもほぼ西高東低になっている。東北平均では一世代世帯は13・5%、三世代世帯は44・3%だが、そのなかで青森県は極めて非東北的、西日本的である。また長野県は二世代世帯が沖縄県に次いで多い点が注目される。

最後に借地や水稲作業の受託の経営耕地に対する割合をみると（付表4）、斐川町と金木町では借地が経営耕地の4割前後を占めるに至っているが、出雲市・松本市・五所川原市は2割台である。他方で、松本市は主要3作業の受託割合が5割程度と高い。

以上から、同じ出雲平野でも出雲

付表3　総農家の世代構成（2000年）

（単位：%）

	1世代世帯	2世代世帯	3世代世帯
島根県	23.5	41.0	**35.5**
長野県	21.3	**47.8**	30.9
青森県	**27.2**	40.8	32.1
全国	19.9	43.4	36.7

注：2000年世界農林業センサスによる。

付表4　借地・水稲受託面積の割合（農業経営体）

（単位：%）

	借地の経営耕地に対する割合	全作業・耕起・田植え・収穫の受託面積の水田面積に対する割合
出雲市	28.0	14.9
斐川町	**43.8**	20.2
松本市	25.6	**48.8**
五所川原市	20.0	10.2
金木町	**36.3**	18.4

注：2005年農林業センサスによる。

市と斐川町では様相が異なり、斐川町では賃貸借が相当程度進み、それに対して出雲市は賃貸借や作業受委託の割合も相対的に低く、ありうるとすれば集落営農の展開であることが推測される。

松本市は自給的農家の割合と作業受委託の割合が高いのが特徴であり、総じて作業受委託段階といえる。

津軽平野でも五所川原市と金木町では様相がある程度異なり、金木町では10ha以上の層も相対的に厚く、賃貸借も進んでいるが、五所川原市は1～5haの中間層や販売農家の割合が高い。自作にとどまるか離農するかの選択を迫られ、離農に際しては貸付けよりも売却が多いことが推測される。

第3章　出雲平野――島根県出雲市・斐川町

出雲市は出雲平野から中山間地域まで及び、果樹等の集約作物への取組みも盛んであるが、斐川町は斐伊川の出来州の村で一面の平野である。両市町は同じ出雲地域でも農業構造の展開も地域農業支援の仕組みもかなり違っている。

その両市町が２０１１年10月に合併することになった。合併に向けては斐川町側にかなりの反対もあったが、進出企業の不振等もあり、合併に踏み切った模様である。しかしとくに農業サイドには反対の声も強く、合併協議でも農業関係の体制は現状を維持することとしている。すなわち、斐川支所に農政部門をおき、農業委員会も２つ、農業支援センター・農業公社もそれぞれ残す。農地利用集積円滑化団体も、斐川町の区域については農業公社、出雲市は農協がなる。とも補償事業等も現行方式を新市に引き継ぐ。統合するのは担い手育成総合支援協議会、農業振興地域整備促進協議会（同計画）ぐらいである。

本章では、出雲市と斐川町の順で、それぞれの地域農業支援システム、集落営農、そして斐川町については個別の担い手農家の動向を紹介する。

1 出雲市の地域農業支援システムと集落営農

(1) 地域農業支援システム

農業支援センター

出雲市の認定農業者は、2010年度末で300名だが、稲単作24、稲の準単一18と少なく、果樹単一51、果樹の準単一41など、果樹や野菜、花卉などの集約栽培が主流をなしている。水稲主体の個別の大規模経営も少なく、土地利用型については集落営農が主流をなしている。

そのような特徴を踏まえて、出雲市は05年(平田市等と合併する前年)に、「21世紀出雲農業支援センター」を農林政策課(10年度から農業振興課)の内室として立ち上げた[1]。当初は農業公社構想が検討されたが、時期尚早ということでセンター案に落ち着いた。このようないわゆる「ワンフロア化」については、当時のいずも農協組合長の強い意向を行政が受けとめたという経緯があったようである。

設立に当たっては、市が4名の職員を配置するとともに、JAいずもとの協議で農協も職員2名を専従で駐在させることにし、計６名の体制をとった。当初は旧平田市に分室を置いていたが、人員不足で引き上げている。担当者は行政も農協も3年程度の人事ローテーションに組み込まれている。組織としては市の内室だが、場所は当初は農協内に置かれた。農業者は農協との結びつきが強く、農協に置けばワンストップの役割を果たせるという理由である。現在は、市役所が農協前に建て替えられたこともあり、市役所の農業振興課内に移った。名称も「農業支援センター」に簡略化した。

センターの主たる目的は、集落営農等の担い手の育成とアグリビジネススクールの開設、企業の農業参入の促進等である。

担い手の育成の力点は集落営農の組織化にあり、２００７年度までに法人9、特定農業団体14の設立を支援してきた。08〜10年度の実績は、各年度法人設立1である（法人は計12に）。すなわちセンターとしては、集落営農は07年度までにほぼ立ち上げられたとして、その後は法人化に力点を置いている。法人化といってもあくまで地元の合意形成が大切で、機運のできたところについて、組織・書類づくり・手続き等を県普及部とともに支援する姿勢である。担い手育成としては個別経営も対象になるが、行政が個人の支援に入り込むのはまずいという考えもあるようだ。

市は市単事業として特定農業団体に２００万円を上限に貸付けを行ない、その要件に5年以内の法人化を課している（２０１３年度まで）。貸付けを受けた特定農業団体は13だが、後にとりあげる3団体はいずれも２０１１年度内法人化をめざしている。

アグリビジネススクールは農業後継者を対象に「経営感覚の養成」を図るアグリビジネス科（14

名）と、新規就農者として「栽培技術の習得」をめざす就農チャレンジ科に分かれるが、前者は補助金削減のために2010年度から募集停止になった。後者はぶどう、柿、いちじくの各講座に各5～10名程度が受講している。期間は1年で週1回程度の講習（県農業技術センター、県普及部、農協等が講師）を行なっている。若い人と定年後の人の両方がおり、県外者も数名おり、修了後は土地・家の斡旋を職員が個人的に行なっている。

企業参入も進めているが、現状は16社で、土地利用型については農業生産法人の形をとっている。いずれも地場の建設業（7社）や畜産、製茶業等で、土地利用型について市外からの参入はない。2011年度には地元の電子部品企業の野菜工場進出と、建設業の青ネギ等の拡大があった。

そのほか農業振興に係る協議会組織として、担い手協はセンター、水田協は農協、農地・水・環境協は農林政策課がそれぞれ事務局を担当している。農地利用集積円滑化団体については副市長クラスで検討してきたが、農協がなることになった。

ＪＡいずもアグリ開発

いずも農協は、ＪＡ主導型農業法人推進室を設け、2008年12月に「ＪＡいずもアグリ開発株式会社」を立ち上げた。出資金3000万円のうち98・6％は農協出資である。取締役は農協常務、営農部長のほか、農業者3名であり、推進室長が補佐・調整する。

前項の農業支援センター自体、農協の強い要望を受けて行政とワンフロア化したものだった。それに加えてＪＡ出資法人を立ち上げた背景は何か。まず耕作放棄地の発生、とくに転作に伴う不作付地の発生がある。そしてそれを耕作する担い手がいない。集落営農の取組みも品目横断的政策の終了とともに頭打ちとなり、ほ場整備でもしない限りあまり期待できない。そうすると新たな担い手のインキュベーター機能が求められる。担い手育成という点では農業支援センターと目的は同じだが、具体的に農業実践をしないとそれはできないのではないか。このような問題意識が立ち上げの背景にあるようである。

当初は市内では珍しい農業者３名による農事組合法人「みつば農産」[2]をその受け皿に充てることを考えていたが、法人内から反対が出たために、ＪＡ出資法人の設立になった。取締役の農業者３人のうちの一人は「みつば農産」の代表だったＭさん（62歳）である。代わりに前回調査時（２００６年）には「農学部を出て現在は神奈川県で働いている。帰るかどうかは不明」とした息子さんがＵターンし、「みつば農産」に入っている（２００６年調査時は21・５haだったが、11年には26 haに拡大、うち10 haは稲発酵粗飼料ＷＣＳ）。

後の２名は27歳と37歳のぶどう・水稲主体の農家の後継者で、うち１名は農協退職者である。この３名は、総括者（全体企画・立案・指示）、水田部門指示者、果樹・野菜部門指示者になる。さらに社員として５名、うち４名が作業員で21～33歳である。年俸は取締役が２５０万～３００万円、社員が１５０万～２５０万円である。

アグリ開発の歩みを追うと、立ち上げの２００８年には耕作放棄地の解消1.6 ha（水田0.6 ha、畑

1ha)、借入7ha、09年度は各0.5ha（畑）と7ha、10年度は借入10haである。耕作放棄地の復旧・借入はぶどう畑が多く、一般の借入は水田が中心である。不耕作地の耕作復帰においては、除草・荒打ち・代掻き・均平、水漏れ防止の畦塗り等の作業時間がよけいにかかる。

借地は市街化隣接区域、斐伊川沿いの湿田、道路をまたぎたくないということで入作者が撤退した農地等が主で、10小学校区に分散し、端から端まで20km離れ、水管理に丸一日かかるという。市街地で泥を落とせないとか、クルマがないと移動できないとか困難も多い。借入に当たっては地域の担い手農家との調整を事前に行ない、担い手に回す条件のよい農地は農協合理化事業にのせる。また担い手と作り交換した水田も3haほどある。

2011年の経営面積等は、水田が利用権22ha（主食用10ha、飼料用米12ha）、受託（春作業、飼料米作付け、耕作不可の農地の除草）4haの計26ha、畑が果樹がぶどう、プラムなど1ha、野菜がパプリカ、ニンニク、メロン、ねぎ、葉物野菜等1.7ha、合計29haになっている。

飼料用米が多いのは、前述のように湿田等が多いためである。WCSは機械投資が1セット1750万円程度かかるためにやっていない。飼料用米は全農を通じて採卵鶏用に供されるが、一部は和牛肥育にも行く。総作業時間は水稲が3分の1程度であり、主力はパプリカ等の野菜に置かれている。現場で採算性等を実証しつつ、担い手農家に対して特産品を開発するのが目的だが、すでに7人体制では労力的にきつくなっている。

総売上額は3000万円程度、人件費が2000万円かかり、2009年度は黒字だったが、米価の下がった10年度はやや赤字である。

農協としては12年度にアグリ開発の青写真を再検討する予定である。アグリ開発への委託は増えているが、それを引き受けていただけでは農家の資産管理業になってしまう。また雇用労働者の農業という形では、家族経営とは異なりサラリーマン農業になってしまう。他方で、今日における農業への新規参入には厖大な初期投資がかかり、優良農家の子弟しか跡を継げないことになってしまう。そこで、アグリ開発が、自らの経営を成り立たせるとともに、取締役や社員へののれん分けによる初期投資のカバーを行ない、新規就農を支援したい。おおよそそのような位置づけを明確にする予定である。

(2) 出雲市における集落営農の取組み

以下ではセンターの支援で立ち上げられた2つの集落営農の概要をみていく[(3)]。4つの事例を調査したが、ここでは2つを紹介する。

農事組合法人・荒茅東営農組合

同組合が立地する明治合併村・荒茅村には8つの町会（農業集落）があり、そのうち東側の上・中・下の3町内を基盤に設立されたのが同組合である。村にはもうひとつ、農事組合法人・ふれあいファームがある（2006年法人化、62戸で水稲10ha、大豆16ha作付け）。村の4分の3の農家がいずれかの集落営農に入っている。

同組合の発端は1959年開始の土地改良事業の際に同一工区17haに属したことに始まる。河口から2㎞の同地域は湿田地帯で二毛作もできないため、98年に再ほ場整備の話が持ち上がり、01年から担い手育成型県営ほ場整備事業に取り組むことになった。50a区画化、暗渠排水、4m農道という規格である。

同事業への取組みは担い手への集積を条件とするが、当地域はぶどうや花卉（菊、切り花等）と水稲との複合経営農家が多く、個人で水稲に集中するわけにはいかないというなかで、集落営農に取り組むことになった。換地も原地換地ではなく自作地の集団化を旨とした。

02年に68名、17haの集落営農組織を設立し、水稲と麦・そばの転作の全てを協業化することにした。花卉などの認定農業者4名も参加した。組織化に際しては「がんばる島根農林総合事業」により、トラクター、田植機、コンバイン、格納庫等を導入・建設した。

組織化に当たっては県、市、農協の指導を受けたが、その後は農業支援センターが主になり、2005年には旧市内初の農事組合法人化を果たした。当時はまだ品目横断的政策の話は出ておらず、法人化のメリットも内部留保ができることぐらいで定かではなかった。しかし集団化しないと地域の将来性はないという点では一致しており、また構成員の耕作面積も小さいということで、法人に利用権を設定することへの抵抗感は少なかった。

参加戸数はその後の農地売却等により減少して54戸（家族を含めて59名の参加）、さらにJAが40万円出資して加わり、60名の構成員になった。出資金は10a1万円である。さらに補助金170万円、借入金３５０万円の計７００万円で立ち上げており、機械・施設は08年に任意組織から買い取った。

その後、ソバの作業委託が利用権に切り替わるなどして経営面積は20 haに増え、09年の作付けは水稲10・５ ha、麦9.3 ha、ソバ５ haである。また08年から小面積ながらブロッコリーに取り組んでいる。

組合の仕組みは、期間10年の利用権設定で小作料は1万円。作業は3つの町単位でやりたかったが、それができなくて機械のオペレーター２名（市の消防士ＯＢ68歳と専業農家62歳）がこなす。水管理は3名に委託（60代前半〜70歳前後、反当２０００〜３０００円）し、畦草刈りは出られる人が出るという建前で、常連は10名程度である（時間給１０００円）。作業は高齢者が主だが、役員５名も組合長78歳（市ＯＢ、農業委員４期）、会計担当67歳（元銀行員）であり、役員報酬は5名で50万円ほどである。

08年の損益は、売上１１５０万円で営業利益は△３００万円、営業外収益１３００万円（産地づくり交付金５５０万円、品目横断の交付金２５０万円、とも補償１８０万円、農協補助金２５０万円等）で１０００万円の経常利益を出しており、基盤強化準備金繰り入れ等を差し引いた残り２５０万円を従事分量配当している。単純に10 a当たりに引き直せば1万３０００円程度になり小作料と合わせて２万３０００円である。任意組織のときの２００３年度には10 a当たり3万５０００円の分配、04年度は台風の被害で2万２０００円の配当だった。

今後どうするかが問題だが、若い人の生活を支えるだけの収入はないので、年金をもらう定年層を狙って補充を図っていくという。役員レベルでは将来的には「ふれあいファーム」との統合もありと考えているが、むこうは少し若く面積も多く、野菜もやっているので、先の話とみている。

端的にいってぶどう、花卉等に取り組む複合農家の水田共同処理を高齢者を中心に行ないつつ、定年帰農で継承していこうという構えである。

特定農業団体・横浜集落営農組合

昭和合併村・灘分町には20の集落（自治会）があり、同組合はそのうち3集落の営農組合の「連合体」である。20の集落を6つに分けて検討会を行なうなかで横手、浜の場西、浜の場東がまとまっていくことにした。昔から3集落は農業委員等の役員の小選挙区になっており、「横浜」の名前で一緒に動くことが多く、やるなら3集落でという話になったようである。

この地域のほ場整備は1970年頃になされて30a区画化しており、その後も転作がらみで「がんばる島根」事業で各集落ごとに機械を入れており、1997年からは横浜集落営農組合として3集落でブロックローテーションに取り組みだした。各集落からオペレーターを5名ずつ出して麦とブロッコリーの転作に取り組んだ。

このような経過を踏まえて2006年に品目横断的政策対応で特定農業団体化し、転作に加えて水稲作業も共同化し、経理も一元化した。参加は横手17戸12・5ha、浜の場西25戸25・5ha、東20戸

18haの計62戸、56haである。なお総農家数は85戸、面積は72haというから７〜８割の参加である。自分でつくりたいのが本音で面積の一部だけを参加させた農家もいる。

水稲を入れ特定農業団体化しても３集落の連合体の性格は変わらず、作業は３グループに分かれてやっている。オペレーターは15名いるが、若い人で30歳、高齢で70歳で、40代、50代の勤め人が主である。水管理と畦草刈りは地権者がやることにしており、そのために10ａ１万円が支払われる。なお時給は１１００円にした。

作付けは水稲31〜32ha、ブロッコリーが春秋各2.2haで、これには女性も出役し、残りが麦転作である。水稲直播を56ａやって反収も移植より高く、3.3haに拡大する予定である。

役員は組合長75歳（農協ＯＢ）、副組合長２名でそれぞれ65歳（兼業農家）である。役員は全部で15名おり、手当総額は75万円。

２００８年の経営収支についてみると、売上高が３１００万円（うちブロッコリー３００万円）、生産原価＋管理費が３１００万円で差し引きゼロ。それに対して交付金等が２５００万円（産地づくり交付金９６０万円、転作とも補償３００万円、緑ゲタ２９０万円、米ナラシ２５０万円、黄ゲタ66万円で品目横断計６００万円、しまね型経営体育成助成金３６０万円など）で、それがそっくり当期利益に計上される。そしてそれが従事分量配当され（すなわち出役作業賃１１００円に１４０円の追加払い、水管理・畦草刈り配当10ａ１万円等）、その残余が面積割りされて10ａ２万３０００円になる。農産物の販売収入は物財費と管理費をまかなうのみで、所得部分は補助金依存という形が典型的に現われている。

法人化については、役員で勉強会を開いているが、前述の地代的な支払いが2万3000円あるもとで利用権設定への反発はなく（それを気にする人はそもそも組合に入らないという）、これくらいの規模の組織になると法人化するメリットが大きいのではないかという雰囲気になっているが、ここ1、2年かけて考えることにしている。09年度補正予算による農地集積加速化事業で機運が高まった。仮に政権交代がなく、09年度に同制度で利用権設定すれば、同組合の場合は5年分で7.5万円×560反＝4200万円になるはずだったが、「捕らぬタヌキの皮算用」に終わった。

2　斐川町農業公社と農地集積

（1）斐川町農業公社

斐川町は宍道湖に注ぐ斐伊川が形成した斐川平野に位置し、湿田地帯としてかつては高畝栽培で有名だったが、中山間地域の多い島根県にあって、斐川町の平坦な地形は効率的な土地利用型農業の展開に有利だといえる。

斐川町は農工両全の道を歩んできた。すなわち今日では県内では製造業出荷額第一位であり、県全体に占める割合は、2007年で29％、08年はやや落ちて27％だが、いずれにしても小さな町で県の

３割弱を出荷している。１９８４年には出雲村田製作所（セラミックコンデンサー）、90年には島根富士通（ノート型パソコン）、98年には島根島津（レントゲン機器）等が誘致され、誘致企業総数30社、その雇用数４３００人に及んでいる。労働集約的な組立工場の立地は雇用力を高めている。その結果もあり、05年には自給的農家が29％、Ⅱ兼農家が59％、合わせて88％を占めるに至っている。他方で専業農家は１００戸強、６％に過ぎないが、高齢専業を除けばほぼ少数精鋭の担い手農家になっている。

このように「安定兼業の町づくり構想」が追求されるとともに、農業面では、１９６３年に県の農林振興センター、町、農協、農業委員会、土地改良区をメンバーとして斐川町農林事務局が設立され、町農政の基本的な立案調整をするとともに、農業振興の地元調整組織として町内２２３集落を数集落ずつまとめて61の農業振興区とし、振興区長を置き、そのもとに集落ごとに区長補助員２１９名を任命している。

農林事務局は２００2年にアンケートを実施した。今後の担い手確保の基本方向についての回答は、①「委託農家の農地は農業公社に任せる」が26％、②「集落営農を組織して担い手に任せる」20％、③「中核農家や法人に農地集積」17％、④「集落営農を組織してみんなで取り組む」13％、⑤「自作」11％となった。④⑤の集団自作、個別自作合わせて自ら耕作するのは4分の1に過ぎず、担い手に任せるのが②③合わせて37％、それに①をプラスすれば、５割以上が「担い手集中」といえる。以上を踏まえて斐川町農業再生プランが策定され、1町1農場構想で、担い手集積型、集落営農の新設・レベルアップ型、園芸作等の「生きがい楽しみ農業」型が設定された。

アンケートに出てくる「農業公社」は、1994年に町と農協が各2500万円を出資して斐川町農業公社として立ち上げたものである[3]。現在の人員体制は常務1名（農協から町に出向）、正職員1名、臨時職員1名（ふるさと雇用再生特別基金事業による）で、町からは農林振興課の担い手・産地強化支援センター係1名が公社担当になっている。なお「産地強化」は現状の農業産出額30億円程度から3.7億円増やすことを目標としており、青ネギの産地化をめざし、現在の生産者20名程度に加えて、公社のリースハウス3.5haで新規参入を計画中である。

農地流動化については、まず町の標準小作料は2009年度に改定されて約20％下げとなり、水田では2500〜8000円まで4段階、畑は3000円と6000円になっている。算定に当たっては面積、形状、圃場整備、農道、水利、あぜ（法面）、土質各3点の点数制がとられている。借り手が畦草刈りを貸し手に委託した（要するに管理作業は地権者が行なう）場合は10a5000円が追加払いされる（視察先の長野県飯島町に示唆されて「共益」加算としている）。また期間5年以上で畦畔撤去に合意した場合は、面的集積加算があり、5ha以上30％増し、3ha以上20％、1ha以上10％となっている。公社を通じて認定農業者に貸した場合は、地主に3000円、認定農業者に2000円が支払われる。他方で公社の手数料は一筆ごとに期間により200〜500円である。このようにきめ細かな流動化・面的集積への誘導が手当てされている。

町の利用権設定面積は2010年で802haに及び、設定率は32％に至っている。そのうち公社の

図表3-1　斐川町の利用権面積と農業公社の介入率

（単位：ha、%）

	2001年度	02	03	04	05	06	07	08	09	2010
利用権設定面積（A）	434.2	434.3	521.2	556.5	589.9	644.6	666.5	704.7	737.1	802.3
農業公社扱い分（B）	62.0	84.3	163.2	222.5	265.1	423.9	449.2	489.8	518.7	562.4
公社介入率（B/A）	14.3	19.4	31.3	40.0	44.9	65.8	67.4	69.5	70.4	70.1

注：斐川町農業公社資料による。

転貸借（09年度までの農地保有合理化事業、10年度からの農地売買等事業）を通じるのが563haで、利用権全体の70%に当たる（図表3－1）。近年は年30～55haの新規利用権設定があり、2011年度もその見通しである。

合理化事業等に当たってはほぼ8割が白紙委任である。町の認定農業者は79名、うち土地利用型が30名（うち法人が5）、公社に白紙委任された農地はほぼこの30人に転貸で集積されていくことになる。そのうち24名は、農協が事務局を務める土地利用型農業協議会のメンバーになっている。

公社は牛糞堆肥散布の町建設協会への委託270ha、認定農業者の畦畔管理（草刈り）の町建設協会への委託斡旋42haをしている。委託料は10a5000円で、5戸ほどの認定農業者が利用している。

公社の関連会社として2003年に有限会社・グリーンサポート斐川（以下GSとする）が町・農協各450万円の出資で設立され、役員、職員各1名がいる。そのほか常用臨時1名、緊急雇用事業で2名が臨時に入っている。前述のように公社は白紙委任を受けて本格的な面的集積を図ろうとしているわけであるが、そのためにはケースによっては白紙委任された農地を一定期間プールしておく必要が生じる。その農地を公社が直営で（管理）耕作する方法もあるが、恐らく、公社が担い手間の農地配分を担いながら、同時に自らが担い手として農地保有するというのは立場的に難があり、独立した担い手の一人としてのGSを立ち上げる必要を感じたものと思われる。いいかえれば公社自体は土地利用調整に徹するわけである。しかしGSは自らを「公社の実働部隊」と位置づけており、農家も「GS」と呼ばず、「公社」と呼んでいるそうだ。

GSは自らを、受け手のない農地の最後の受け皿と利用集積のための調整弁と位置づけている。とはいえ水も機械も入らない条件の悪い水田は断ったこともある。その点は地主も理解しており、断られた農地は改めて公社に草刈り委託等をしている。

2011年度のGSの経営は、利用権が23ha、後述する転作代行が12・4ha（麦5.9ha、大豆4.7ha、ハトムギ1.1ha、ソバ1ha弱）で、ほぼ手一杯である。GSとしては条件不利地の利用権設定を受けても赤字になるだけで、「作業受託のほうがおいしい」としている。また専従職員を置いているので冬場の仕事の確保が必要で、ネギ類等を考えている。

2010年度の収支は、売上高が2400万円（米価下落で前年度より600万円減）、営業（農業）損益の赤字2600万円を営業外損益（交付金等）2800万円でカバーして、当期損益はトントンになっている。

欠戸《かけど》地区の面的集積モデル事業

以上のような農業公社の合理化事業とGSの存在を踏まえて、斐川町は2008年度に国の農地面的集積支援モデル事業の全国9町村のひとつになった。

GSは立ち上げ翌年の2004年には21haの面積を集積したが、それを担い手に提供したため05年度には4haまで急減した。これでは経営が成り立たないので、斐伊川沿いに大字三分市の欠戸集落を中心とする水田（未整備田で地力増進作物等で名目的に転作していたもので、1枚平均6.6aで隣の田を渡らないと入れず、水もかからない）に目をつけて、地権者12名に働きかけて3枚の田に大区画化し、地中50cmのところに境界の杭を入れ、畦畔を取り払い、用排水も整備し均平化する工事を公社・GSが行なったうえで、それを借りるという事業に取り組んだ。

この経験を踏まえて国の農地利用集積円滑化事業のモデル事業に乗ったわけである。国は白紙委任・代理方式だが、[4] 斐川町は従来からの合理化事業による転貸借方式を併用した。対象面積は約9haで地権者は欠戸を中心に5集落40戸に及んだ。エリア総面積887aのうち利用権設定770aで集積率87%。この農地をGSに615a、認定農業者1名に117aを団地として配分している。認定農業者は元からこの地区で親戚の農地を借りていた者である。事業に当たっては農道を2mから4mに拡幅し、その費用には国からの10a1万8000円の補助金を充てた。小作料も元のままだと最低ランクの10a当たり2500円になるが、8000円まで高めた。

長方形の一区画が見事にGS、認定農業者、地元農家の利用土地に団地化されている。公社として

は、この事業により、地元が敬遠し担い手が入り込まないような荒廃地を復旧し賃貸借に乗せることができるというＰＲになったと評価している。ＧＳとしても最大の団地を確保できたわけで、経営上の意味は大きい。

恐らく、斐川町のモデル事業は国の想定とは違っていたのではないか。第一に、国は市町村農業公社の役割を高く評価せず別の主体を想定していたが、斐川町では農業公社が事業の主体になった。いいかえれば地域における農業公社の農地保有合理化事業の実践、そこでの白紙委任の一般化が背景になっている。第二に、公社が主体になるに当たっては、国の事業とは関係なしに面的集積の取組みが先行していた。いきなりの取組みではないのである。第三に、荒廃農地の復旧対策と連動していた。地域がまとまって面的集積に取り組むに当たっては、単純に面積当たりの交付金というだけでなく、そういう具体的なメリットがあったわけである。第四に、このような条件不利地の受け手として、通常の担い手とは異なる特殊な担い手としての、ＧＳという、公社の合理化事業の実戦部隊があった。

斐川町でのモデル事業の見事な成功は、このような条件に支えられてのことだといえる。

政策変更等への対応

①農地利用集積円滑化事業など

このような斐川町等でのモデル事業も踏まえて、２００９年農地法改正による農地利用集積円滑化事業の白紙委任方式が実施に移された。斐川町では当然のことながら町農業公社が農地利用集積円滑

化団体になり、09年度は、白紙委任の際の10ａ当たり2万円の交付金（円滑化団体に交付）を地権者と耕作者で折半することにしたので、利用権設定面積の増に多少は寄与した。

しかし２０１０年度からは民主党農政下で同事業が農業者戸別所得補償制度に組み込まれ、その規模拡大加算として2万円が借り手に交付されることになった。そのため町は、従来の農地保有合理化事業（公社を通じる転貸借方式）を農地売買等事業として継続しつつ、この2万円が交付される白紙委任（相対での利用権設定）方式は集落営農の法人化に用いることにした。集落営農であれば、集落農家が貸し手であり借り手である関係になるために、交付金を法人の立ち上げ資金として活用できるからである。これにより2つの特定農業団体が法人化した。

後に集落営農の事例でみるように、同町の集落営農の多くは、自民党農政時代の農地集積加速化事業（農地集積に対して5年にわたり10ａ2万円交付）の活用による法人化を「夢見て」いた（前述のように出雲市のそれも同様）。政権交代でその「夢」は消えたが、それが1年限りの交付金に矮小化された形で実現したわけである。その他、民主党農政下で集落営農の法人化に際して40万円が定額で交付されることになった。同農政の集落営農の法人化支援はこの程度である。

②生産調整等の取組み

自民党農政時代の町の水田経営所得安定対策のカバー率（面積）は、水稲が53％、大豆が93％、麦が１００％である。水稲も他地域に比べれば高い水準であり、水稲も含めて担い手への集積が進んでいるといえる。

斐川町の生産調整への取組みも周到になされている。

第一に、町の目標率35・7％だが、北部と南部では平均反収が異なるので（544kgと503kg）、反収の高い北部は37・2％、低い南部は32・4％として米生産量での公平を図っている。

第二に、独自のとも補償を行なっている。水田面積10a当たり2000円の拠出に町・農協が各800万円ずつを拠出し、10a当たり7000円の補償と売れる米作り推進対策（特別栽培米等にkg17円、ケイ酸や堆肥等の散布助成10a1000〜2000円）を出している。また生産調整の受委託料は10a1万5000円に設定している。

第三に、産地確立交付金については、例えば麦・大豆・ハトムギ・ひまわりの推進作物を二毛作した場合については、5万5000円になるように設定されている。たまねぎ・キャベツ・ネギ・アスパラ等の重点作物の場合は最高6万5000円になるが、同町では、麦・大豆や麦・ハトムギが一般的である。

5万5000円は、地権者が担い手等に転作を委託した場合（現地では「転作代行」と呼んでいる。転作田の貸付けでもなければ、転作作業の委託でもないので言い得て妙である）は、地権者2万5000円、転作者3万円でシェアする申し合わせになっている。公社では「地権者にも小作料以上の金額がいかないと……」としている。

以上に対して民主党農政下の2010年度の水田活用自給率向上対策では、斐川町の麦・ハトムギ転作だと、ハトムギが表作になるので「その他作物」として1万円、麦が「二毛作助成」で1万

5000円の計2万5000円にしかならず、転作代行等も成り立たない状況になった。2011年度からの農業者戸別所得補償制度の水田活用の所得補償交付金でも、ハトムギは戦略作物に入らず「産地資金」が10a1万円交付されるだけだが、販売収入があるために作付けは維持されている。

(2) 斐川町の集落営農

町には特定農業法人5、特定農業団体28、機械共同利用組織等4がある。特定農業団体のうち法人化が確実に見込まれるのは5つ程度だが、そのうち2事例についてみていく。

特定農業団体・おきす営農組合

町の東端、出雲空港に隣接した大字沖洲の営農組合である。大字沖洲は干拓地で、7つの集落があるが、そのうち同一の農業振興区に属する昭和・瑞穂・東島の3集落の取組みである（これらの集落名自体がその新興性・人工性を表わしている）。現在の組合員は43戸、面積は49・4haである。そのほか利用権の設定が11haほどある。

取組みに当たっては長い前史がある。各集落は瑞穂を先頭に一次構（1963年頃）の頃からトラクターを共同で入れ、共同田植え・共同炊事等に取り組んできたが、畜産・園芸農家の労力不足等の理由から5～6年でつぶれるということがあった。他集落もそれぞれ共同田植え等に取り組んできたが同様の経過をたどった。

それに対して1973年頃から各集落ごとに6戸程度の作業班をつくり、田植えや収穫作業を請け負う形がとられるようになった。集落の農地を巻き込む形で空港建設もなされたが、大きな影響はなかった。さらに80年頃には30a区画のほ場整備事業も行なわれた。

それらを踏まえて、1998〜2000年にかけて各集落で営農組合が立ち上げられた。転作対応が主で、ブロックローテーションを組むまでには至らなかったが、ゼロメートル地帯ということもあり客土に取り組み、団地固定化を行なった。02年に3つの営農組合が合同会をもち、ひまわり栽培と麦刈りの機械導入等について話し合った。3つ合わせて24〜25haの転作になるが、それに対応する機械装備がないということで、03年には沖洲下営農組合協議会の設立総会の運びになり、04年9月には「おきす営農組合」の設立にこぎつけた。当初は懸案の転作と機械導入がテーマだったが、後ろを振り返ってみたら後継者がいないということで水稲も含めた協業の取組みとなった。当初の瑞穂における共同田植え等の解散が一種のトラウマになって協同ということには慎重な対応がとられてきたといえる。

前述のように43戸の参加になっているが、うち利用権設定しているのが4〜5戸おり、出役するのは38戸程度である。利用権設定している者もいずれ退職して出役する可能性もあるとみられている。出資金は1000万円を目標にしており、06〜08年度に各年度10a当たり5000円を募っており、現在のところ700万円に達している。実際には配当金の一部を出資してもらう形である。

作付けは水稲34ha、二条大麦27ha、ひまわり12ha、ハトムギ14haである。夏場の作物を探してひまわりを選択した。「花を見て腹をたてる人はいない」という思いであり、農協が搾油して油、ドレッシング、うどんの乾麺のコーティング等に利用している。またひまわり祭りには3万人が集まり、一時は売上げが５００万円まであがったが、現在は１００万円程度である。農地・水・環境対策ではひまわりの搾り粕を元肥化して同対策の二階部分に対応している。

役員体制は、実質的なリーダーになっているのが、副組合長のM氏で56歳、農協職員。そのほか役員は、1名のイチゴ専業農家、2名の現職を除き、全員が退職者である。役員の手当はない（役員としてはもらうと責任が伴う、見なし法人化される、などの理由による）。なお農協職員がM氏を含め５人もいるのが特徴である。

作業体制としては、正式のオペレーターは決めていないが、実質的に50代後半から60代の4～5人が務めている。畦草刈りは地権者全員がエリアを決めて行なう（自分の田ではない、40円／m）。水管理は3地区ごとに取り組んでいるが、東島は全員、他は1～2名に依頼している。その他の作業についても出役をかけることはしておらず、朝の7時45分から30分程度のミーティングに常時5～6名が出て、その人を中心に割り振っている。多い人で年間２００日程度になり、時間給１２００円で、２００万円程度の収入になる。「定年後の再就職先としての事業体をめざしているのがおもしろい」とリーダーはいう。

経営収支は農産物販売が３８００万円程度、営業利益が２１００万円の赤字、それに対して営業外利益が３８００万円（緑ゲタと産地確立交付金１９００万円、黄ゲタ１６０万円、町助成金等４００

万円、米清算金1100万円等）で、さらに収入減少緩和補助金300万円等があり、当期利益は2000万円。持ち分面積46・5haで割って10a当たり4万2374円の配当金になっている。ここから先の出資金が差し引かれるが、それでもかなりの実配当になる。

トラクターを95馬力2台を含む5台、コンバイン2台、8条田植機などやや過剰投資気味で、借入金も4000万円ほど抱え、あと20〜30haやれる余力をもつという。

法人化については民主党農政下で、麦・大豆の所得補償や転作補助金がどうなるのかわからないなかで経営計画がたつのか不明であり、また地代的配当から従事分量配当への移行を組合員がどう思うのかが不明だが、役員は法人化したい意向ではある。

特定農業団体・上直江北部営農組合

岩野村（明治合併村）の上直江村（藩政村）の9つの集落のうち大島、岩野原の2集落からなる組織である。きっかけは1994年からの直江地区130haの担い手育成型の大区画ほ場整備事業である。大島集落では、100aの大区画化をすると従来の機械では対応できない、しかも集落農家は平均90aであり、認定農業者もおらずオール兼業農家という状況で、「集落営農しかない」とスムーズに話が進み、大島営農組合の設立になった。隣の原集落も1年遅れで営農組合を設立した。

大島では当時は賃貸借の発生もなく全戸が自作していた。全員がオペレーターになり、水稲と転作の両方を含めた1集落1農場方式の集落営農で、畦草刈りは地権者が行ない、水管理は営農組合で行なう方式とした。

この形で9年経過するなかで、行政から営農組合のないところはその組織化を、営農組合のあるところはその法人化の指導が出された。組合長K氏（現在は65歳、紙の卸問屋に勤める兼業農家だったが、定年前にやめて2001年から役場の臨時職員）は当時、農業委員と大島・原地区の振興区長を務めていた。そこで岩野原振興区の区長に話しかけたところ、岩野原としては面積も小さいので「できれば一緒にやりたい」ということになった。岩野原は一部は大区画ほ場整備に入っているが、他は昭和30年代の10ａ区画である。そこで当初は大区画ほ場のみの参加という話だったが、両地区にほ場をもつ岩野原の者としては、それでは意味がないということになり、結論的に岩野原の西・東・前のうち西・東の全戸参加となった。大島21戸20ha、岩野原24戸15ha、計45戸、35haの集落営農である。また大島としても20haでは面積が少ないという問題があり、こうして2003年に集落営農が他集落を統合するというやや珍しい形の集落営農の形になった。06年度に特定農業団体になっている。岩野原の加入にあたっては、大島の今までの投資を勘案して10ａ5000円の加入金の徴収になった。

両集落には、大島をはじめとして、役場職員が1名、前述のGSの社長（元学校生協職員）、農協職員が6名、県職員が1名など農業に関係する公務員・団体職員8名を擁しており、農政対応しやすい素地があった。

現在もオペレーターは特定しておらず、全員がオペレーターの建前であるが、実際に活動しているのはトラクター、田植機各10名、コンバイン5〜6名程度で、年齢的には34歳から65歳までいる。出役は営農部が月末に集まって翌月の割り当てをする。土日曜は勤め人、ウイークデーは家にいる人に割り振るようにしている。時給は一律1000円である。役員手当は組合長が年5万円など若干出る。

作付けは水稲22ha、麦・大豆13〜14ha、タマネギ80a程度である。ハトムギやキャベツはやっておらず、麦・大豆では県の表彰を受けるほど好成績である。

役場の依頼で学校給食米「米米田んぼ」（「こめこめ」は「うまい」の方言という）の取組みを7〜8haしており（当初はコシヒカリ、現在はキヌムスメ）、減農薬栽培の米を4つの小学校に届けている。通常の出荷に対して30kg500円増しだ。小学生の田植えと稲刈りの体験学習も行なっていたが、田植えは不慮の事故があり中止になった。農地・水・環境対策にも営農組合として取り組み、減農薬・減化学肥料の特別栽培米に取り組んでいる。年4回の「営農組合だより」の広報活動も熱心で、田植えと稲刈りの後は「泥落とし」「収穫祭」の催しを行なうなどコミュニティ的な活動も盛んで、組合運営規定には慶弔費まで記載されている。

組合の経営収支は、08年度について10a当たり4万6000円の配当金を出すに至っている。おきす営農組合を若干上回る水準である。

組合は08年7月に委員13名（うち女性5名）による「法人化及び女性部組織化検討委員会」を立ち上げて、09年1月に答申を得ている。それによると、法人化については「公平公正な分配と作業出役の姿は、町内の組織の中でも突出した模範的な集落営農」であり、それを踏まえて全員参加型の農事組合法人化すべきとしている。また女性部については必要性は理解しているもののリーダー欠如から「今一歩踏み出す決心がつかない」としている。

法人化についてはその後、例の農地利用集積加速化事業の話に「同じ法人化するならもらうほうがよい」と思ったが、政権交代で「あまりにおいしい話で、やっぱりだめか」ということになった。「そうがっかりはしていない」ということで、じっくり検討することにしている。

（3）斐川町の担い手農家

同町の担い手は、前述のように土地利用型農家協議会メンバーに限られてきている。メンバーの総経営面積は375haだが、2戸は集落営農法人の組合長としての参加で本人の面積はゼロであり、また有機農業に取り組む1.5ha経営と高齢で10haから1.6haに減らした経営があり、それらを除いた20戸の単純平均は17・7ha。20戸の内訳は40ha台2戸、30ha台2戸、20ha台1戸、10ha台8戸、10ha未満7戸である。

このうち法人が3つあり、うちひとつは地元の建設会社の農業参入である。参入は2006年で現在の利用権面積は17・4ha。実質1名が張り付き、農繁期には建設業の従業員が動員される。またメンバーには入っていないが、土地利用型への建設業への進出がもう1件あり（2007年）、15haほどを耕作している。

公社は白紙委任を受けた農地を「バランスを考えて」、おおまかなエリアごとに配分している。「バランスを考えて」とは、担い手農家全体の「底上げ」を図るという意味もあるが、基本はエリア分けで、農業者も農作業時に「隣に人がいるのはおもしろくない」ということで、数集落ごとに道路で区切ってエリア分けしている。

先のメンバーには経営主が70代、60代で後継者の見通しのたたない経営が6戸あるが、その一部については公社が利用権を他の経営に回し始めている（2010年の13・5ha→2011年9.7haへ減、20・7ha→15・2haへ減、それ以前に前述の10ha→1.6haへ減）。

メンバーのうち法人1事例と会長を務める個別農家の2事例を紹介する。

株式会社・K農産

①経過

K農産は町の中央部から東部にかけてをエリアとする。住居は大字神庭《かんば》の中溝集落にある。同集落は農家戸数35戸、40ha程度である。2008年に父が68歳で死亡し、雇用を増やす必要が生じて株式会社形態の農業生産法人にした。本人（43歳）は中学時代からテコ（農業手伝い）をし、高校時代からトラクターにも乗っていたが、後継者養成の農業大学を卒業後、農協勤務となり金融を担当していた。

家では父が水田酪農をしていたが、籾すりから始めた作業受託が主になり、両立が難しいところから１９７５年に搾乳牛７頭で酪農をやめて耕種農業一本にした。本人は農協の仕事がおもしろく定年まで勤めるつもりでいたが、父が還暦の時に声をかけられて農業専業に転じた。当時は所有権４haに利用権が12ha程度だった。親せきから始まり、その隣の家という形でいもづる式に作業受託から利用権への移行が進むようになり、直接も含めて利用権が増えるようになった。家に入った翌年に父が大病をし、雇用を入れ始めた。雇用者は入れ替えがあるが、現在では33歳、28歳、29歳の３人で正社員にしている。妻（43歳）は経理を担当し、母（69歳）は「古いお客さんとのつきあいがあり、農業も要所要所はおらんといけん人」だという。

現在は所有地４ha、借地47ha、転作代行（前述）12ha、水稲の田植え5.6ha、収穫22ha、乾燥調製33ha分の作業受託をしている。

②借地関係

借地はここ10年弱で12haから47haまで拡大したことになる。借地関係についてみると、Ｋ農産のエリアは、２つの旧村（明治合併村）にまたがる。ひとつは地元の荘原町の中溝、前原、上学頭、西谷の集落である。ここには担い手が３名いる。うち１人は斐川町の担い手のトップバッターとして集積を始めた者で、現在は63歳、長男30歳で、父親のほうは担い手の協議会にも入らない「一匹オオカミ」的な存在で、親せき等の農地を散在的に集めて15～20haの間を耕作している。長男は協議会メンバーになっている。

もうひとつは出東村の中州新田、川東上組、黒目新田（以上はＫ農産のみ）、灘東（70歳の10ha経営の認定農業者も入る）、天神・会所（この２つには13 ha経営の認定農業者も入る）、昭和（集落営農があるが、エリアを区切り農地の入れ替えを行なっており、競合はない）である。

このように完全独占の集落もあれば、他の認定農業者と入りあっている集落もあるが、「作業機で田に行くのにすれ違うことはない」ほどに棲み分けられている。地権者との交渉は農業公社がやってくれる。公社ができた当初は、長年耕作してきた古い借地を手放すことをさせられ、今まで他人がつくっていた借地と交換させられたりして、「よい感じはしなかった」というが、今では公社を通じて貸借することに双方とも理解を示すようになったという。

個別の借地返還の経験はないが、川東上組が営農組合をつくった時には、10 haを返して、代わりに公社から12 haを回してもらった。２００２～04年頃には毎年のように借地の交換があり、その結果としてほぼ５～６カ所にまとめることができ、遠くても３㎞以内に収まるようになったという。かなり激しい交換耕作がなされてきたわけである。以上の集積結果の一部を示せば図表３－２のごとくである（居住集落を中心とする地域のみを図示し、全面積の半分程度に当たる）。

地権者は70名程度で、ほとんどは地権者に断り畦畔を取り払っている。返すときには元に戻す約束をしているが、返すことはなかろうという。小作料は10 a当たり８０００円で、期間はほとんど10年になっている。管理作業を地権者に戻すのは分家の１戸のみである。ただし畦草刈りは半分程度を公社を通じての委託に回している。

③作付けと収入

1：5,000

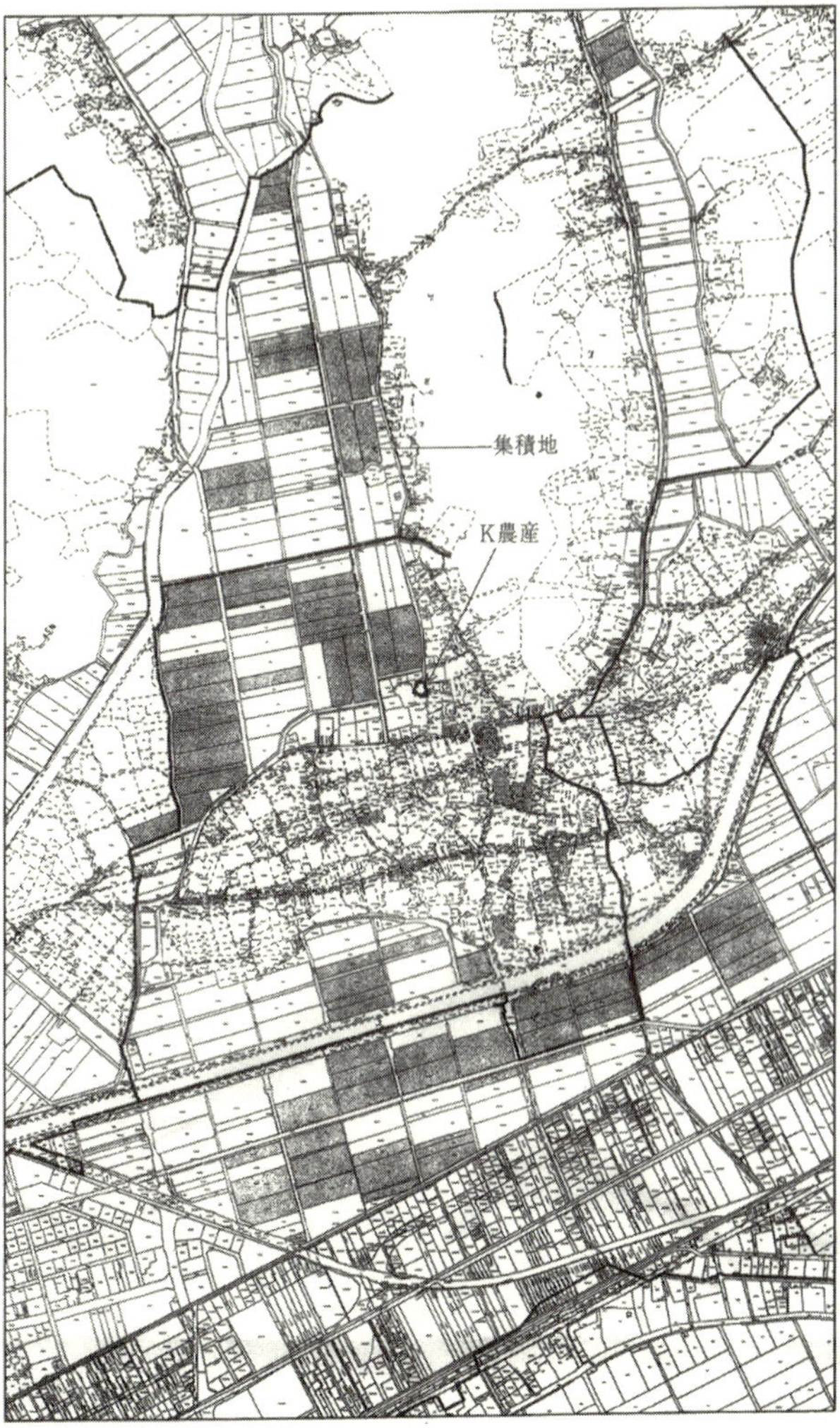

図表3-2　K農産の農地集積（一部、2009年）

注：斐川町農業公社資料による。

作付けは水稲28ha、二条大麦34ha、大豆35・5haで農業経営改善計画上の「経営面積」は98haに及ぶ。ハトムギは昨年は4haやったが、今年は取り組んでいない。水稲は餅米が12ha、コシヒカリ6haで超超早植えをしている。コシヒカリは主として地権者の飯米用である(小作料を金納したうえで購入してもらう)。全て農協出荷であり、直販については代金回収にも手がかかり、そこまで専門的に力を入れる気はない。

作付けの特徴は、転作割当て37%のところを50%近くまで「過転作」し、自らの水稲作付けは抑えて、品種や作付け時期も一般からずらして、作業受託の「お客」の作業の適期等を優先している点である。転作はローテーションしているが、一部は固定して田畑転換の手間を省いている。

収入は2008年度で、農産物販売3000万円、作業受託2000万円、交付金等4000万円の計9000万円だった。本人の給与は月80万円、妻50万円、母8万円、従業員は33歳の主任が25万円+ボーナス、若い二人は18万円+ボーナスで、合計で2500万円程度の給与支払いである。このような支払いのうえで収支はトントンにもっていっている。借金は1500万円程度で多くない。

④今後について

今後の規模拡大については、畦畔を取らせてもらえるかにもよるが、装備からして20%の余力はあるという。作業受託もいいが、作業受託では畦畔を取らせてもらえないのが難点になる。斐川町の担い手は現在30名、集落営農は30組織だが、それが増えないとすると、まだ借地を増やさねばならないということで、そのために株式会社化して雇用拡大にも備えるようにしたという。これまでも「拡大しても軽油の消費量がほとんど変わらないので、効率的な経営ができていると思う」という。問題は新政権下での交付金いかんである。本人としては「きれいなカネ」（交付金のこと）をいかに確保するかに主眼をおき、「過転作」を行なってきた。これまでも交付金は最高８万円から５万５０００円に下がってきたが、新政権下で確実にさらに下がる。そうなると２０１０年の作付けは過転作を目標どおりの転作に減らし「とりあえず交通安全を守り、様子をみる」ことになるという。

なお集落営農については、現状維持でやってほしい。しかし年齢的には10年もたつと世代交代になり、その時に集落営農を維持できないとなってポンと何10 haを投げ出されても担い手としては受けきれない。その連鎖反応が怖い。20 ha、30 haの集落営農を継続するのは無理で、合併して50 ha、１００haの規模にして、そのなかで専従の担い手を確保するようにしてほしい。営農組合によっては畦畔を取り払っていないものもある。組織をつくっても「土地はオレのもの」という意識では困る、としている。

Hさん

もう一人の調査対象は、K農産とは反対側の西部の地域を担当している個人経営のHさんである。Hさんは大字神氷《かんぴ》の神守《かんもり》集落に居住する５代前の分家である。本人（64歳）は34歳のときに両親の高齢化で脱サラ帰農した。妻は58歳で農業手伝い。長男（34歳）は工業高卒で４年前に出雲市の会社を辞めて就農した。現在は父から経営委譲され、認定農業者になっている。三男（26歳）は普通高を卒業後、家で農業しており、雇用は入れず父と兄弟の3人の自家労力で経営している。経理面は妻と三男が担当している。最近は毎年出す書類が異なり、「専門の事務員がいないと対応できない」としている。

所有地は1.3ha、利用権は9.2haであり、ここ数年で拡大した。最近では、急な駆け込みでの利用権が結構あるという。積極的・自発的な規模拡大というよりも、西部地区はHさん以外に認定農業者がいないので、公社が「お願いして」引き受けてもらった結果だという。結果的に条件の悪いほ場はみんなHさんに持ち込まれる。

エリアは大字神氷を主とし、大字出西と大字上直江の一部を担当している。上直江には前述した営農組合が展開しており（営農組合設立に伴う返還はない）、出西にはもう一人認定農業者（60歳、15ha）がいるが、西をその人が、東をHさんが担当している。

地権者は40戸程度、期間はいろいろだが平均して5年、出西はうるさいところで畦畔を取り払ったのは3分の1程度という。また出西は営農組合が立ち上がってはつぶれるを繰り返してきており現在もない（ちなみに出西とは出西窯の所在地である）。

作付けは水稲16ha、麦8ha、大豆7ha、ハトムギ2haである。キャベツを10年ほどやってきたが、作業が競合するために3年前にやめた。転作代行は2ha程度で多くない。水稲の作業受託は耕耘2ha、田植え3ha、収穫・乾燥11haで、増えている。

収入は農産物販売2000万円、作業料金500万円、交付金500万円で計3000万円。長男

が月給30万円、次男が20万円、妻が10万円で、本人は小遣いをもらう程度という。経営は黒字になっている。

青色申告しているが、今のところ法人化することは考えていない。長男は農業を続けるだろうが、三男は不明であり、後継者がどう考えるかまだわからない。3人の労働力で30 haまで増やしたいが、増やしたいところに営農組合が立ち上がってしまった。

本人はハトムギに力を入れたい。ハトムギは湿害を受けにくいということで、先のもう一人の認定農業者と共同でコンバインを導入したが、民主党政権でハトムギ・麦の転作の交付金が減らされると困ることになるとしている。

3　まとめ

合併を控えた両市町の農業の体質はかなり異なり、農業支援体制も大きく異なる。

出雲市の農業支援センターはどちらかというと行政主体だが、問題提起したのは農協のようで、農協も職員を2名常駐させて主として集落営農（法人）化の現場を担っている。そして農協は農協出資型農業生産法人を別途立ち上げ、耕作放棄地対策等に乗り出している。ワンフロア化というソフト面だけでは対応しきれない課題に地域が直面していることの現われといえる。

片や斐川町は農林事務局という協議体（ワンフロア化の前身）の長い実践のなかから市町村農業公

社を立ち上げつつ、同時に長期の農業構造ビジョンのもとに、地域農業の担い手の特定とそこへの農地集積を計画的に行なってきた。

公社は土地利用型の担い手農家が30名程度に絞られてくるなかで、農地保有合理化事業に基づく白紙委任の転貸借を果敢に行ない、K農産の話にもあったように、担い手の借地をどんどん借り換えさせて団地化を図ってきた。前政権末期の農政が打ち上げた白紙委任が先取り実施されていたわけである。また注（3）に紹介したように、集落営農法人化にあたっては、集落間の出入り作の整理等に大きな力を発揮している。

ここで注目すべきはグリーンサポート斐川（GS）の存在である。公社が転貸借→面的集積を遂行するにあたっては、何としても中間的農地保有、保有している間の農地耕作が不可欠であり、合理化事業のうち転貸借機能は公社、中間的農地保有・管理耕作は農業生産法人（GS）という機能分化が必要だった。そしてGSは矢戸地区の集積事業にも明らかなように荒廃農地を復旧し引き受けるという点ではJAいずものアグリ開発と同じ目的を担うことにもなっている。

出雲市では農地利用調整は農協、中間保有・農業経営はアグリ開発が行ない、斐川町では前者は農業公社、後者はGSが行なっている。結果的にかなり同じ仕組みができたといえる。違いは、土地利用型農業の担い手との関係で、担い手が希薄な出雲市では「のれん分け」を通じる担い手の創出をねらっているのに対して、斐川町ではすでに育っている担い手間の調整が主たる課題だった。しかし今後は高齢化した担い手農家に対する手当てなど、同じ課題に当面することになろう。

図表3-3　集落営農組織の概要

	集　落 営農名	集落数	構成員	経営面積 (ha)	リーダー	10a 当たり配当 (円)
出雲市	荒茅東	3	68	17	市職 OB	13,000
	やしま	1	54	24	農協職員	7,000
	横浜	3	62	56	農協 OB	23,000
	下出来州	1	37	70	会社員	28,000
斐川町	おきす	3	43	49	農協職員	42,000
	上直江北部	2	45	35	役場臨職 OB	46,000

注：配当は計算によって異なるので概ねの数字である。

両市町の集落営農を簡単にまとめると図表3－3のごとくである（報告を省いた2事例を含む）。集落営農の組織化・法人化にあたっては、出雲市では農業支援センターの支援があり、斐川町ではリーダーがいずれも農協職員、市役所ＯＢであり、実質的には農協、役場の意を体した実践になっている。

集落営農の組織化にあたっては、多くがほ場整備事業とそのアフターケアとしての「がんばる島根」県単事業による機械導入、そして事業後の「担い手集積」が歴史的な土台をなしている。基盤・装備・組織の三位一体がある程度の時間差を伴いながらもそろっているのであり、いいかえれば何もないところで、交付金がもらえるからといっていきなり「集落営農」を立ち上げられるわけではない。

同地域の集落営農の特徴は、第一に、調査した過半が、「むら」と藩政村の中間にくる複数集落による組織化の点である。これは同地域が出来州の新開地ということもあり、農業集落と藩政村の区別が定かでなく、町内、自治会と呼ばれるものを仮に農業集落とすれば、その農家戸数や反別が概して小さいことに由来すると思われる。さらには上直江のように先行集落営農が他集落を統合したケースもある。

第二に、リーダー層は下出来州を除きことごとく農協や行政のOBや現役が担っている。それはたんなる職業上の責務の延長というより、農業に関係する職員が地元において地域ニーズを担っているということだろう。いいかえれば、そういう人材に恵まれた集落・地域において集落営農は立ち上がりやすいといえる。

第三に、法人化したか否かに関わらず、全戸出役の建て前であり、従事分量配当に徹することはできず、収益を面積割りで平等配分する地代的な配分方式になっている（最終的な収益配分は、出雲市の場合は2万円台に対して斐川町の場合は4万円台という倍の差があった。これは規模の差というより、収量やコスト面での差であろう）。しかし他地域にみられるような水管理・畦草刈りを地権者戻しするには至らず、かといって組織で処理するにも至らず、その中間的・過渡的な形をとっている。

これらの集落営農組織は一つを除いて任意組織にとどまっており、等しく「5年で法人化」の課題を抱えており、農地利用集積加速化事業を使っての法人化への期待が強かったわけだが、それが幻として消えた後は、じっくりと法人化の是非を考える姿勢にあり、そのこと自体は好ましいことだといえる。

その場合に問題になるのは、過渡的な組織の性格で、果たしてリーダーやオペレーターの世代継承ができるかであるが、前述のように前者については既存の組織では農協のOBをはじめ事欠かないのではないか。そして後者についても定年帰農による継承が大いに考えられる。その限りでは任意組織のままでの世代継承性も否定できない。

個別の担い手経営という点では、出雲市では調査しなかったが、それは担い手農家の実態が土地利用型というより果樹・野菜の集約作を主としているからであり、それに対して斐川町では少数精鋭の個別の担い手農家が形成されていた。聞き取りによれば、彼らの規模拡大はここ数年のことであり、それには農工併進の歴史的結果、農業公社によるエリア分け、借地再配分、団地化、それらを通じて畦畔を取り払い効率的な農業を追求できる点が大きかったといえる。「第三者が鳥瞰図的に客観的にみていないと土地利用の再配分はできない」という公社の言は印象的である。

ここでは集落営農の設立による個別の担い手農家からの「貸し剥がし」はあったが、K農産にもみるように、それを超える配分が公社によってなされており（つまり貸し剥がしというよりは再配分）、担い手同士、担い手と集落営農の棲み分けがよくなされている。また農業公社による担い手農家のサポートという点では、畦草刈りの委託斡旋も大きい。

利用権といいながらも水管理や畦草刈りを地権者戻しする「半利用権」の地域も多いが、この地域では貸し手はすでにそういう力を失っており、かといって大規模化した担い手が管理作業の全てを担えるわけではない。

担い手農家がほぼ30戸程度に絞り込まれてきたなかでは、青天井の規模拡大でよしとするわけにはいかず、個別の担い手は集落営農等が地域農業を分担していくことを強く期待している。同時にK農産のように法人化して雇用経営化していざという時に備える構えもみせている。

K農産のような法人化した雇用大規模経営でも、収入の4～5割に及ぶ交付金を「きれいなカネ」と呼んで、それへの依存が強い。集落営農も営業（農業）収支（売上額から製造原価と管理費を差し引いた額で労賃部分は含まれない）はトントンか赤字、営業外収支（交付金等）が営業収支の赤字補塡と配当原資になっている。その意味で個別大規模経営も集落営農もともに交付金依存である。

政権交代は新たな転作助成等への切り替えにより、まさに経営収支の生命線を揺さぶっている。そのなかでK農産は過剰転作から割り当てられた転作に引っ込み、「様子をみている」状態である。長年の生産調整政策下で地域が培ってきた「知恵」を十分に踏まえた政策展開が求められている。

（出雲市2009年8月、斐川町2010年1月、両市町2011年5月）

注

（1）支援センターについて拙著『集落営農と農業生産法人』2006年、筑波書房、第4章。
（2）前掲書は、出雲市の集落営農について、地域ぐるみの典型的な集落営農（新田後営農組合、グリーンファーム西代）、少数者組織（前述のみつば農産）、中山間地域のコミュニティ・ビジネス（グリーンワーク）といった異なるタイプを紹介している。
（3）農業公社については、拙著『混迷する農政　協同する地域』2009年、筑波書房、第4章第4節を参照。そこでは斐川町の集落営農の事例、農業公社による集落間の出入り作調整にも触れている。

（４）国の農地利用集積円滑化事業の白紙委任・代理方式については、拙著『この国のかたちと農業』２００７年、筑波書房、第Ⅱ章第３節を参照。

第4章　松本平——長野県松本市

はじめに

東山地域なかんずく長野県は、全国有数の農業県ながら、これまであまり土地利用型農業の研究対象とならなかった。第Ⅱ部の「はじめに」で指摘した点に加えて、そこには3つの原因が考えられる。ひとつは伊那谷を中心とする兼業化の進んだ零細農業地帯であること、2つは果樹・野菜・園芸といった多様な集約的農業が展開し、土地利用型農業なかんずく水田農業においても作業受委託が多く、権利移動が相対的に少ないこと、3つは歴史的には縄文土器の文様、言葉、食からいっても明らかに東日本に属するが、少なくとも高度経済成長期以降の長野は農家の世代構成、高齢化等からみて西日本に属し、その位置づけが難しいこと、があげられる。そのことは逆に、多様な農業経営の担い手の把握にあたっては格好のフィールドであることを意味する。そのような観点から私はたびたび信州に足を運んできた。[1] 信州人は理屈が多いが、風土と味は良い。

本章では松本平をフィールドとして、多様な農業経営の担い手を捉える。すなわち第一に、農協直営的な農業法人（1の（3）（4））、第二に、集落ぐるみ的な集落営農法人（2の（1））、第三に、地域ぐるみではなく担い手農業者を主体とする集落営農法人（2の（2））、第四に、島内村という一村を対象に、そこでの品目横断的政策対応の一村集落営農化とそこからの分化（3の（1））、他方での個別の大規模法人等の展開（3の（2））、両者の関係（4）、をみていく。

松本市は1954年に本章の調査対象である島内村、神林村等12カ村が合併した。1960年に後述する北内田地区を編入した。そして2005年には四賀・安曇・奈川・梓川村と合併して今日に至っている。

島内村・神林村等は筑摩県下で明治7（1874）年に藩政村を合併して成立した。島内村でいえば、後述する高松村・小宮村等の藩政村7カ村を合併した。藩政村は今日では「大字」ではなく「町会」として残る。島内村は今日では15地区に分かれているので、一部の地区は藩政村として統合された模様であるが、そのうち高松村は本村、本郷、南部に分かれるものの、その他の地区は東西南北等の名称がほとんどで、藩政村＝農業集落と推測される。神林村の場合は、藩政村は下神林、梶海渡の2村であり、農業集落は川西、川東、寺家、南荒井、町神、下神、梶海渡の7集落である。梶海渡は藩政村＝農業集落だが、その他は藩政村下の農業集落と考えられる。近隣の村でも、藩政村と農業集落の関係は区々である。[2]

1　地域農業支援システム

(1) 松本市

松本市は前述のように2005年に4村と合併したが、JA松本ハイランドは波田・山形・明科・生坂・四賀・麻績・本城・坂北・坂井・朝日村等にまたがる正准合わせて2万7000組合員を擁するマンモス農協になっており、都市化した松本市から中山間地域まで、水田地帯から畑作地帯までをエリアとしている。

市のほうからみていくと、農林部に農政課が置かれ、マーケティング（3人）、担い手（8人）、生産振興（8人）担当があり、庶務と合わせて24人体制である。農業委員会は7人である。合併前の4村に支所が置かれ、それぞれ観光・地域・経済建設課等の下に農業農村担当が置かれているが、本庁に統合する方向にある。「付属機関」として市農業支援センター、農振地域・水田農業推進・担い手育成総合支援等の協議会が多数設けられている。このうち支援センター・農振・担い手協議会は同日に同じメンバーが時間をずらして開催している。支援センターは農協課長クラスとともに指導班会議を設けており、そこで決められたことが担い手協にあげられる。

市の流動化対策としては、1989年度より貸し手、借り手に奨励金を出してきたが、2006年度より貸し手へのそれは打ち切り（当初は10年以上について反当１万６０００円、２００３年度からは５００円）、認定農業者の借り手に３０００円、それ以外の借り手に１０００円にした。利用権設定面積は08年度で１１７０ha、流動化率20・９％に達している。高いところでは市内の寿地区、後に取り上げる内田地区で各43％に及んでいる。主として集落営農法人や法人経営への設定によるものだろう。10ａ当たりの標準小作料は松本・梓川で水田１万６０００～１万９０００円、畑１万４０００～１万５０００円、果樹園（リンゴ）１万～２万円、四賀・奈川・安曇の畑は３０００～５０００円である。センサスによる耕作放棄地は７７８haに及び（農地面積は６１５５ha）、遊休農地対策の面積は４４０haで桑園が多い。農外資本の進出については、発芽玄米に取り組む農水省お墨付きの「優良」企業が撤退し、その土地を市のふるさと振興公社が引き取らざるをえなかったこと等から、地元は神経質であり、農業委員会は、不動産資本等が参入しようとすると集中砲火を浴びるとしている。

認定農業者は４３９人で、果樹・畑作が多く水稲は少ない。経営所得安定対策がらみで百数十名増やしたという。今後の目標は3年以内に5％上乗せであるが、実際は足踏み状態である。

経営所得安定対策に関しては麦・大豆はほぼ１００％に達した（小麦４２７ha、大麦１５３ha、大豆１５３ha）。明治合併村規模の集落営農が特定農業団体として1村を除き全て立ち上がり、その他、法人の認定農業者7、農作業受託組合1、個人の認定農業者7人でカバーされている。その他は転作と米に取り組むが、特定農業団体は麦・大豆のみに取り組んでいる。ＪＡの支所には営農生活課が置かれており、その課長が先頭にたって集落営農に取り組んでいる。米のみ加入は、法人２、個人24

で、麦・大豆に取り組む者と合わせて277haと少ない。

松本市は、1969年までは毎年20名ほどの新規就農者がいたが、近年では半減しているとして、各種の農業後継者の育成組織を設けている。なかでも松本新興塾は1期2年、各期20名弱の塾生を募集し、相互にほ場見学したり、海外研修したりして2010年では8期目を迎え、卒塾生の会も120名を擁するに至っている。

(2) 松本ハイランド農協

以上のように集落営農の育成等の地域農政の実働部隊は農協なかんずく支所長クラスである。農協としては行政とのワンフロア化にはなっていないが(先の市農業支援センターも県の方針でつくった模様)、「ワン機能化」にはなっているという。農協では営農生活部に11の課があるが、そのうち経済企画課が担い手育成を担当している。その方針を紹介すれば次のごとくである。

松本市では平均規模80aという状況下で、早くから5~6戸による機械の共同利用組合等に取り組んできており、生産調整の頃からはそれを軸に地域ぐるみのブロックローテーションに取り組み、それが今日の集落営農に連なっている。すなわち前述のように明治合併村規模で7つの特定農業団体を立ち上げ、ほぼ全域の転作をカバーするに至っている。そして認定農業者もそのなかに入ってオペレーターとして活躍し、その他の農家が肥培管理を担う分業体制になっている。

ただし寿・内田村では小赤、内田、鉢伏会寿など複数の組織が立ち上がり、また松本市の米どころとしての島内村は以前から法人経営等が展開しており、彼らがカバーできないところを集落営農がカバーする形になっている（内田と島内村の状況については後に取り上げる）。

以上の集落営農はあくまでも転作集団であり、米は各農家が自作している。米まで一元化するにはまだ時間がかかり、世代が変わる必要があるとし、農協としては地域が取り組むなら別だが、法人化、利用権設定、米まで含めるということまでは考えていない。

今後の集落営農の取組みとしては、第一に、これまでは地域ぐるみ協業型を追求してきたが、「今後は主たる従事者に利用権集積するのが本来の発展型かなあ」という思いで、神林村でそういう組織を立ち上げた（↓2の（2）のＡＣＡ）。

第二は、地域の関心は何といっても園芸作であり、園芸の集落営農を追求したい。具体的には、専業的に営んでいる果樹や園芸作については土地利用型における経理一元化的なものではなく、共同防除のような作業融通型・労力補完型を追求する。しかし園芸農家も米作に取り組んでいるのでそれを絡めないと成り立たない。その形として「ファームワーク山辺」があげられる。17戸のぶどう農家が構成する有限会社形態の法人で、秋の収穫期に米作に手が回らないのに対して有志が米作を担当し、合わせて麦転作にも取り組んでいる。

この園芸作の集落営農と、合併により入ってきた中山間地域における集落営農の取組みが課題である。以上とも関連しつつ、農協は2つの農協出資型農業生産法人を擁している。その点を次に紹介する。

（3）有限会社・アグリランド松本

同法人は、1996年に農協300万円、農家2戸各10万円の出資で立ち上げられ、その後、畜舎改修、BSE対策等で農協が増資し、現在は農協4800万円、個人7名35万円の計4835万円の資本金になっている。代表は農協非常勤理事、支配人は農協常務、マネージャー、畜産・耕種のチームリーダー（3名）、酪農ヘルパー等の取締役6名、年間雇用の従業員6名、季節雇用15名の体制である。うち農協出向が4名である（常務、マネージャー、チームリーダー2名）。

肥育牛と耕種部門のチームリーダー、子牛飼養と成牛管理の作業受託者（アグリの畜舎内で受託）の計4名は、いずれも畜産経営に行き詰まったか、それを見越して廃業した元畜産農家で、その牛の引取りも含めて畜産経営の危機対応でもあった。しかし法人の立ち上げ当初は畜産経営も悪くなく、それが目的ではないという。目的は、第一に、後継者が少なくなるなかで農協管内の畜産を維持したい、第二に、土づくりセンターの隣に立地して耕畜連携を推進する、第三に、山沿いの遊休農地が発生している内田・寿村の農地の維持管理、そして法人経営のモデルの提示である。

法人の実績は図表4−1のごとくで、肥育牛480頭、借地27・7ha（水田16・7ha、畑11・0ha）のほかに作業受託も少々している。

08年度の営業収益は2億8000万円であり、内訳は畜産が84%と圧倒的だが、そちらが赤字になっており、全体としては1800万円の赤字である。飼料や子牛価格の高騰、肉の低価格化という

図表４−１　アグリランド松本の事業実績　（単位：a）

年度	2001年度	02	03	04	05	06	07
水稲	780	670	927	975	748	1,070	1,012
麦	662	1,000	1,050	783	1,060	973	777
大豆	300	550	670	396	787	671	424
そば	360	100	100	250	300	300	290
ジュース用トマト	285	225	180	160	185	320	300
その他の野菜	13	0	0	15（ネギ）	20（ネギ）	30（ネギ）	169（ネギ）
加工ぶどう	100	61	61	61	61	61	61
作業受託	500	350	250	450	250	250	250
酪農ヘルパー	年間	年間	年間	年間	年間	年間	年間
肉牛肥育頭数	436	393	447	505	490	456	480

注．アグリランド松本の資料による。

畜産危機が響いている。技術的にも30カ月齢以上に肥育して出荷してもA４以上は40％にとどまり、必ずも高位とはいえずブランドも確立していない。

特徴的なのは、県の里親制度の補助金も活用した新規就農者研修生を年間３名受け入れて、３年間研修させている点である。研修生は既婚の40代の脱サラ的な人が多く、これまでに19名を主として園芸農家として自立させている。半分は県外者だという。この取組みについては法人の増資を行政に要望したが、私企業への行政の出資には難があるが、新規就農者の指導報酬料金なら払えるということで、１５０万〜３００万円の助成がある。

農地関係については、前述のように内田・寿村は遊休地が多く、地元からの要望で経営受託を始めた。水田は10年契約で小作料は反当7000〜1万8000円、畑は3000〜1万円で、ただもある。07年度は27haになっているが、その後、水田15ha、畑7haに減らしており、特に畑を減らす方向にある。畑を返せば荒れるので、いったん返したうえで作業料を徴収して維持管理しているという。

法人の設立当初のスローガンは「中核農家、集落営農に次ぐ第三の生産組織〜地域の担い手育成・産地形成のモデル経営をめざして〜」ということだったが、同法人がひとつの刺激になってか、その後、地域には前述のように3つの集落営農組織が立ち上がった。そうなると同法人の位置づけは微妙になる。法人経営としては水田をさらに10haほど拡大したいが、よい土地は集落営農に回すことになる。

他方で、合併により加わった北部（筑北・明科・四賀村）の中山間地域では耕作放棄が生じており、法人事業に対する需要がある。しかし畜産との関係で法人の拠点を北部に移すのは難しい。そういうなかで畜産経営についても、農協による農業経営の引受けについても、農協は新たな方針の検討を迫られている（その後も模索は続いている。出てきた農地は集落営農法人に繋ぎ自ら拡大方向にはなく、新たに菊栽培も始めている——2011年7月）。

（4）有限会社・ホスピタル朝日

同法人の活動は合併前の信濃朝日農協の直営事業として2002年に開始された。朝日村は標高700〜1000mの高原地帯で、主体となる畑は黒ボク土であり、いも・麦の低収益畑作地帯だった。1960年代に換金作物として長にんじん等が導入され、「朝日村にんじん」の名で知られるようになったが、大型トラクター圧による根腐れ病で60年代なかばには衰退した。

1966年から第1次構による圃場・農道整備がなされ、75年からは畑地灌漑施設も完備され、長にんじん時代の生産組合による掘取り・共選等の経験を踏まえてレタス産地化が図られ、370ha、250万ケースの一大産地となった。

しかしレタスにも1995年頃から連作障害の根腐れ病が現われるようになった。風食、作業機の移動、ヒトの足裏で感染するということで、土地持ち非農家が地代の高いほうにやみ小作で貸すことにより蔓延するとされた。

このような事態に危機感をもった農業委員会から問題提起がなされ、農協が直営事業として2002年に連作障害ほ場の養生を行なう事業を始めるに至った。連作障害が顕著に現われている圃場をなかば強制的に農協が3年ほど借り上げ、緑肥作物や育苗用に用いてクリーン化したうえで戻すという事業である。土壌消毒は無菌状態化してかえって足裏からの感染を強めたりするということで、現在はしていない。

作業は当初は農協職員が行なっていたが、面積が6haに達し、また緑肥作物だけで1万5000円の標準小作料を払っていたのでは費用がかさむということで、2005年に農協2000万円、村200万円、農家3戸が各15万円の出資で有限会社を立ち上げた。その後、全農長野も200万円出資し、現在は2445万円の資本金になっている。信濃朝日農協は02年に合併したが、合併に伴う財務格差是正の予備費を出資金に充てた。

代表取締役には農協の朝日地区担当常務理事が当たり、取締役としては村1名のほか農家3名である。彼らは60代の元野菜農家で、季節雇用者30名の監督に当たっている。法人化してからは全農との取引で実需のあるジュース用トマト、業務用キャベツ、ハクサイなどアブラナ科以外の十字花科作物等の栽培に取り組んでいる。

実績は2007年度でクリーン化して返還した面積が3ha、クリーン化中の面積が5ha、その他の「完全委託面積」（クリーン化ではなしに法人に利用権設定）が11haとなっている。地権者は全部で80名程度、クリーン化農地の地権者は土地持ち非農家が多く、すでに貸しに出されていた農地が主たる事業対象になるが、最近では高齢化でつくれなくなったと自作地を法人に持ち込むケースが増えている。なかには鎖川の扇状地の水田も2.4haほど持ち込まれている。なおクリーン化農地は元の借り手に戻るより、他の農家にいっており、元の農地を借りていた農家は、それに伴い縮小するのが一般的だという。つまり連作障害の発生した農地を地権者から借り入れ、養生をした後で、地権者に戻し、第三者（地権者、元の借り手以外）に貸し付けるという、いわば一種の中間的農地保有機能も果たしているわけである。

07年度の推計では、売上高４３００万円、若干の赤字になっている。費用には取締役３人の年俸各３００万円、アルバイトの時給９００円が含まれる。

なお同法人も農協による新規就農研修支援事業で研修生を受け入れ、１年目はＪＡ直営の野菜苗生産工場で農協の臨時職員として働き、2〜3年目は同法人でアルバイト雇用して露地野菜技術の実践研修をしている。研修生には県担い手育成基金を活用して月４万円が支給される。これまで２名が研修を修了し、農地50ａをのれん分けされて露地野菜農家として自立している。09年度には夫婦一組が研修中で10年度にはさらに２名が入る。

同法人はあくまで農地ホスピタルとして取り組まれだしたが、前述のように現在では自作困難な農地が水田も含めて持ち込まれ、面積的には主流になっている。あたかも本来の病院における病気入院から高齢化による社会的入院への変貌のごとくである。前述のように同法人は「地域の金」でつくられたもので、あくまで朝日村をエリアとしており、前述のアグリランド松本との統合等は全く考えられていないが、同じ課題に直面しているといえる。

2　集落営農法人の展開

(1) 内田営農

前述のようにJA松本ハイランド管内の集落営農としては、法人が5つ、特定農業団体が7つ立ち上げられている(他に作業受託組織がひとつ)。このうち特定農業団体は経営所得安定対策対応の明治合併村単位の大規模組織が多く、後に島内村について詳しくみることにする。法人のうち、小赤、内田、鉢伏会寿は塩尻市に接する市のはずれの、耕作放棄がやや進んだ、アグリランド松本が事業展開している地域に立地している。3つの経過・性格は似ているので、以下では内田営農を事例としてとりあげることにする。

内田村の集落営農化はやや複雑な経過をたどった。藩政下では北内田村、南内田村が置かれていたが、明治4年にその他3か村とともに片丘村とされた。さらに昭和合併時に塩尻を市に昇格するために塩尻市に編入されたが、1960年に北内田区は分市されて松本市に編入された。この藩政村・北内田村がエリアである。その戸数は1200戸、農家は240戸、農地は123haである。町内会は9つ、昔からの農家のそれは6つ、農家組合も6つだが、生産調整等は内田単位に降りてくるというので、藩政村＝農業集落とみてよかろう。農協組織としては寿支所の内田出張所に属する。

構造改善事業による圃場整備に片丘村単位で１９８０年より３００ha取り組んだ。傾斜地で平均10ａ区画で畦畔率は22％と高い。これを受けて83年に内田機械利用組合が設立された。トラクター１台、田植機２台、コンバイン２台の共同利用で、オペレーターを８名選んで行なった。オペとして今日も残っているのは組合長（72歳）のみだ。彼は元農協の臨時職員。当時はすでに生産調整が始まっており、３分の１が減反され、内田の水田72ha（センサスでは82ha）の３分の１程度を担当していたという。転作は内田全体で３年周期のブロックローテーションで麦・大豆をつくっていた。

この形がずっと続いたが、経営所得安定対策の話を契機に法人化の話がもちあがった。話は農協理事がトップになる農振協議会でなされ、農協寿支所の営農生活課長が担当したが、実際には本所の農業企画課長の指導だった。地域ではすでに鉢伏会寿（有限会社、２００１年、２３０人、56ha）、小赤営農（農事組合法人、特定農業法人、２００５年、１８９人、85ha）が立ち上がっており、また前述のアグリランド松本の活動もあり、とくに事情が似ている小赤営農の動きが参考・刺激になった。

法人化の具体的な理由としては、組合内にも徐々に貸したいという農家が増えてきた。前述のように内田地区ではすでにアグリランド松本が活動していたが、アグリランドだけでは受けきれなくなり、さらなる受け皿が必要になった、「内田の土地は自分たちでやろう」という意識も強かった。さらに機械利用組合の積立金が相当額に達し、税制上の問題をクリアする必要もあった。

２００５年には全農家のアンケート調査も行ない、そこで意思を確認して比較的スムーズに06年４

月に農事組合法人の立ち上げとなった。参加組合員は230戸で、ほぼ全戸参加である。出資は2400万円で、機械利用組合時代の積立金が充当された模様である。

役員は8名（組合長は年8万円、その他は5万円）、オペレーター17名（役員を含む、時給1700円）、作業員（女性、1000円）、事務員1名（1000円）という陣容である。オペレーターの年齢構成は、60代7名、50代5名、40代1名、30代2名で、30代の1名と60代は農業専業である。機械利用組合時代と比べ、オペレーターの数を増やしたことと、そのなかに比較的若い世代も含まれるのが特徴である。

機械・設備については、全てを整備するのは厳しいという状況下で、育苗ハウス、トラクター3台、コンバイン1台、田植機2台等にとどめ、あとは機械利用組合を継続しつつ、そこからリースする形にしている。大型機械の保守整備は自分たちで行なっている。

利用権の設定受け面積は水田21・4ha、畑4.7haで、小作料は水田7000円、畑3000円である。畑は「何とかしてくれ」と泣きつかれたもので、今後も増える見通しである。水管理と畦畔草刈りはオペレーターが行なうことにしているが、1戸だけ水管理を自分でやりたいとする農家がおり、それについては小作料を1万7000円にしている。麦・大豆の管理作業は地権者がやることになっている。

作付け状況は図表4－2のとおりである（利用権面積に上記と若干のずれがある）。機械利用組合時代からの作業受託に利用権による経営を付加した経緯からして、転作請負と作業受託がかなりあるのが特徴で、転作請負は収穫物と経営所得安定対策の交付金を法人に帰属させ、産地確立交付金が地権者にいく形である。標高が７００ｍということもあり麦・大豆の収量は平地の７～８割方にとどまる。

　これでほぼ地域の半分を集積したことになり、残りは個人（６ha経営が１戸あり、父が法人に参加、50代の息子が経営しているが、荒れ気味である）と前述のアグリランド松本の経営地になる。

図表4-2　内田営農の経営面積（2008年）

（単位：ha）

利用権設定			20.6
経営地の作付	水田		16
		水稲	12
		大麦	3
		小麦	1
		大豆	4
	畑地		4.6
		そば	4
		ジュース用トマト	0.3
		ミニトマト	0.02
		ホウレンソウ	0.03
		スイートコーン	0.3
請負耕作		大麦	12
		小麦	10
		大豆	22
作業受託		耕起	12
		代かき	8
		田植え	9
		稲刈り	19
		苗管理	3,500枚

注．内田営農の資料による。

　畑作物については立地がよいということで観光農園化（ブルーベリー）もめざしている。また女性陣はミニトマトやジュース用トマトを受け持っている。

　米出荷も資材

購入も100％農協取引である。

地域とのつながりは、重要文化財馬場家住宅（北内田の庄屋宅）、農協支所と共催で、とうもろこしもぎ取り祭り（8月）、内田のお菜鳥まつり（11月）など活発である。中山間地域等直接支払いについては協定が9つあり、法人はノータッチである。

2008年度の経営収支は、売上高2400万円、受託料収入850万円、価格補填330万円、営業外収益2000万円（経営所得安定対策の固定交付金715万円、残りが産地確立交付金）で、経常利益1900万円、それに対して従事分量配当が1600万円で経営基盤強化準備金の積み立てはできていない。ほぼ営業外収益≒経常利益≒従事分量配当（労賃）という関係で、剰余をあまり残さずに労賃等として配分する仕組みといえる。

今後については、面積的には自然増があるだろうが、畦畔率22％の土手草刈りがネックで拡大を望んでいない。米の直売は行なわない方針だが、観光農園の開園、直売所の開設等による通年出荷は追求している。組織存続については各世代にオペレーター、リーダーを擁しており、基本的には定年後の人材で繋いでいけると心配していない。

（2）ACA

神林村というところ

明治初期合併村・神林村は7集落からなり、現状は農家戸数530戸、うち土地持ち非農家130

戸、３３０haほどである。農協は神林村農協が１９６４年に松本平農協に合併し、１９９１年に松本ハイランド農協になった。

村はまず１９５８年に10ａへの区画整理、ついで77年頃に二次構での30ａ区画化、そして94年頃に開田地帯の１００ａ区画化を果たしている。その結果、10ａ区画が2割、１００ａ区画が1割弱、残りが30ａ区画に整備されている。

村の共同活動としては、１９７１年に共同育苗センターがつくられ、次いで77年にライスセンターがつくられた。いずれも村＝農協支所単位の利用組合方式である。そして同年に水稲の収穫作業受託と転作物栽培を目的とする「神林集団栽培組合」が村の全戸・全面積参加に近い形で設立された。そして83年から7集落を15団地に分けて、団地ごとのブロックローテーション（以下ＢＲ）を行なうようになった。この組織化は集落ごとの農家組合（農協下部組織）長の合議、そして神林村担当の農協理事、農協支所が関与している。

ＢＲは当初は3年一巡だったが、転作率が40％に引き上げられたここ5年ほどは2年に1回の団地も出ている。なおＢＲは10ａの飯米作付けは認めることにしている。転作は当初は麦―ソバだったが、カネになるということで１９９６年から大豆をとりいれ、98年から麦・大豆の2年3作の集団栽培になった。この集団栽培は二度にわたり農林水産大臣賞を受賞している。そして01年には畜産農家支援事業の受け皿として、集団栽培組合のもとに神林機械銀行受託部会が立ち上げられ、それまでは相対だった転作機械作業を受託するようになった。さらに06年に経営所得安定対策をにらんで集団栽培組合を特定農業団体「神林集団営農組合」に組織替えし、それに伴い集落の営農組合を「栽培組合」に改めた。

分業体制をみると、①転作目の播種、大豆除草剤散布、防除、刈取りは機械銀行受託部会、②乾燥調製はライスセンター利用組合の共同作業（育苗も同じ形）、③麦の追肥、畦畔水路管理は集落栽培組合の請負となった。

このような明治村＝集団営農組合がその下に7つの集落＝栽培組合と機械銀行受託部会を擁して整然と協業方式のBRを行なってきたわけであるが、栽培組合では転作田での野菜栽培も始められ、また米の産地づくりとして3割の早生種栽培、色彩選別機の導入等を行なっている。

株式会社「神林ACA」の設立

先の機械銀行受託部会を前身として2010年2月に設立されたのが、株式会社「神林ACA」である。ACAはAgriculture Contract Associationの頭文字をとったもので、「受託組合」の英訳である。英語で行くか、「農業受託組合」で行くかは、60歳以上の人が後者を支持するなかで1票差で決まったという。

設立の理由は、創立総会資料には、「地区農業の実情を見るに、100軒以上の農家が土地持ち非農家であり、地区内三分の一の農地が貸し付けられている。……貸し手は年々増えておりますが、受け手となる担い手も増えず現状の受け手農家も際限があり、管理に（苦）労する圃場はお荷物となってきていることに鑑み、①担い手として農地の受け手となり地区農業の維持が出来る分野へ参画するための人格形成、②次世代へ安心して渡せる農業の基盤作り、③補助の受けられる体系作りなどの考えから」設立したと書かれている。

「人格形成」などと言われると、ややとまどうが、案外、本音のような気もする。ＡＣＡは名前のとおりあくまで転作作業受託を主とした組織であるが、法人化したことで利用権の「受け皿」になりつつある。受け手農家が村内にいるにはいるが、すでに手一杯であり、かつ前述のように10ａ区画の水田も残されており、それが荒廃すると困る。そういうなかで、条件のよい田は個人が受けつつも、条件の悪い田は法人が引き受け、総体として「地区農業の維持」をして「次世代に安心して渡せる」ようにするというわけである。ＡＣＡは設立と同時に5戸から計1haの利用権を受けている。小作料は10ａ1万円である。受けた水田の管理作業は臨時雇用等で対応している。

構成員は21名である。受託部会ができる前から転作作業受託していたメンバーが8名、受託部会を設立したときにメンバーが増えて19名になり、さらに法人化にあたって呼びかけて2名増えた。1名は事務担当、1名は定年をむかえた人で農業委員でもある。

構成員は10ha以上が3名、その他の4ha以上の認定農業者が5名、園芸作主体（パプリカ、レタス等）が2名、その他は定年退職者である。30代3名、40代2名、50代3名で、あとは60代であるが、70歳で定年である。若い世代のうち4名は親子での参加である。

構成員には農業委員3名、農協理事（農業委員兼務）1名、ライスセンター、育苗センターの組合長、栽培組合長などが入っており、「神林村の話はここで決まる」と言う。

資本金は610万円、設立発起人7名は各30万～40万円を出資し、他を残りの構成員で分担している。ACAとしてはコンバイン1台などを持ち、コンバイン5台、トラクター4台、そのアタッチメントは受託部会から耐用年数切れのものを無償で借りることになる。

設立時の理事は4名、監事は2名である。社長（54歳）は5ha農家で施設園芸47a（セロリ、アストロメリア）の専業農業を妻と2人で経営し、子どもたちは全員他出して農業後継者はいない。もう1人の理事（61歳）は農協OBで、農協生活33年のうち22年は神林支所勤務だった。さらにもう1人の理事は次項で紹介する若手農業者である。さらに構成員外であるが、神林支所の営農生活課長が農協の職務としてACAの事務局を担当し、営農組合とACAのパイプ役をしている。これは他村の法人についても同様で、農協が全面的な支援体制を組んでいるといえる。

この体制で転作作業を麦85ha、大豆・ソバ85haの計170haやっている。プラスして1991年からワラの収集作業を行なっており、麦の発芽をよくするためと、ワラを先のアグリランド松本の肥育牛部門に販売し、1000万円前後の収入を得ている。

オペには全員が出るが、社長の場合でコンバイン作業10日、ワラ収集20日の計30日程度で多いほうであり、平均して15日程度であるが、いちばん多いのは後述する青年農業者のCさんである。

オペの時給は2000円、ダンプ運転は1500円である。考え方として、若い人がUターンしてこられるように他産業並みの給与を払うことにしている。収益は先のワラ収入の他は作業料金で、農協の標準料金10ａ1万8000円を1万円にディスカウントしても（地権者にもメリットを出さないといけないとしている）、2010年で130haやり1300万円を得ており、何とか支払えるとしている。ソバは収穫物をもらうだけにしている。

このように若手農業者のCさんを理事に抜擢し、彼に多くの作業を担わせ、他産業並み賃金を保障しているところに、先のACA設立の思いが透けて見える。

Cさんの「いえ」と農業

①家族

Cさんは神林村の川西集落の農家の後継者で31歳、東京の語学系大学を卒業、農業を継ぐ気はなかったが、就職活動のなかで選択肢の一つになり、Uターンした。妻（31歳）は東京出身で高校まで東京在住、出会った相手が農家出身だっただけで、農業はするつもりであるが、今は子育て（長女、2歳）中である。ただし関係する会合等との繋がりはないようである。

父59歳、母56歳、ともに農業をしている。おばあさん86歳との6人家族である。

家族経営協定を二世代夫婦で結んでいる。労働時間は外した。どうせ守れない項目は外したと言う。農休日については残してあるが、とれていない。給与も記載なしである。仕事を短くして家事分担する旨は書いてある。きっかけは父とともに認定農業者になる要件として、結婚後に形として結んだものと言う。前述の松本新興塾を2009年に卒業したOBである。

現在は法人化はしておらず、青色申告を利用しており、経営管理は父が行ない、本人は父から35万円の月給をもらっている。

②農地保有

現在の農地保有は自作地が水田2ha、畑0.2ha、小作地が水田18haの計20ha経営であり、ACA内では最大規模である。本人がUターンしたときは10ha弱だったから、その後に借地を10haほど増やしたことになる。毎年1ha程度ずつ徐々に増やしている。借地の申し込みは本人に対してもあるが、まだ父のほうが多いようである。

借地は川西集落内が4割、残りも神林村内が主で、村外は0.6haである。最遠でもクルマで10分ということである。地権者は全部で30名ほどで、1ha規模の「大地主」が3名いる。田んぼは80枚になり、区画は10aも100aもあるが、平均して20aである。

途中で返せと言われても困るので、期間は10年にしているが、5年もある。小作料は10a1万9000円で、相場である（ただしACAの倍近い）。近くの「大地主」には高くするなど、小作料は場所によりけりである。小作料は10年固定で、これは父の性分で致し方ないが、本人は「これではダメだ」と思っている。

農地を買う気はない。そもそも相場も知らないが、採算を取るのに何年かかるかわからないし、資産としてみるのでなければ買う必要もないとしている。売買は本家分家の扶助関係が多いのではないか、土地購入するよりも現金が欲しい、という。

とはいえ「売りたいので返してくれ」という話もある。「大地主に返せと言われると困るので、『好青年』を演じなければならない」と苦笑している。

③農業経営

機械保有はトラクター２台（85馬力、56馬力）、田植機・コンバイン各１台、乾燥機４本である。ＡＣＡ以外の作業受託は耕耘、田植え、収穫各２ha程度である。

現在の作付けは、水稲12ha、飼料用稲0.6ha、キャベツ0.3ha、スイートコーン0.7haで、後はＢＲによる集団転作である。水稲はコシヒカリ、あきたこまちをつくり、反収は10俵程度。２００９年は水稲をかなりつくったが、10年はＢＲの関係で12haに減り、「かなり余裕があり、遊んでいる」という。米は縁故米が１割以下で、その他は農協出荷である。直売については、商売人でないので交渉になれば負けるし、リスクも大きいとして取り組んでいない。野菜は農協出荷、父が理事だった関係もあり、資材も全て農協利用である。

④ＡＣＡとの関係

ＡＣＡはその前身時代から、「若い世代に飯を食わせよう」という考えであり、その流れで優先的に仕事を回してもらっており、仕事量も最大で、月16万円の支払いを受け、組合長を上回っている。作業のシフト表作成は前述の農協ＯＢの事務担当の理事が行ない、そこで配慮されることになる。オペレーターはプロ仕事であり、歳をとれば視力が衰える、機械操作のセンスが落ちる、切れが悪くなるなど問題も出てくるが、優先してもらっているので文句も言えず、また最近は年金をもらいながら

ＡＣＡで働きたいという人も増えている。しかし70歳の人と自分のような若い者に等量の仕事を割り振るのは無理ではないかと考えている。

ＡＣＡが水田を借りるのは当家と競合する面もあるが、個人が引き受けたくないような小さな水田をＡＣＡが借り、個人の担い手が効率のよい田を借りるのがよいのではないかと、概ねＡＣＡの方針に沿った考えである。個人で借りる者は村内で5名程度で、競合はしていないが、田隣りを耕すこともあり、水を見に行っても会うことがあるので、自分のつくりたい土ができあがる前に作り交換できるとよいと思っている。

⑤今後の経営

経営移譲については父が決断することであり、無理によこせということではないとしている。経営移譲といっても当家の場合は、売上金の振り込み口座、給与の振り込み口座の名義を交替するだけの話だともみている。しかし自分の代になれば、父と違い「契約」の観念を取り入れていきたいとしている。

ＡＣＡが立ち上がる前は1戸1法人化も考えていたが、立ち上げてみると法人化の長短もみえてきた。雇用を入れるとなると法人化する必要があるが、その規模に達していないと税負担等もあり、法人化すればこちらの小遣いが減るとみている。

⑥農政など

規模としては全体で30 haは欲しいとしている。あと10 haの規模拡大である。

農政についても強い関心をもっている。米戸別所得補償については、高齢・小規模農家も「もうちょっと作ってみるべいか」ということになり規模拡大が阻害されるとみている。高齢小規模農家も米をつくるので過剰になって米価が下がり、米価が下がれば規模拡大が必要なのに、それも進まないという悪循環に陥っているとしている。他方で、米価維持のための生産調整は必要で、生産調整に伴う交付金等は当家にとっても収入の一つになっており、欠かせない。

一挙に1ha規模の規模拡大をできるのは当家だけになり、規模拡大については、(高齢農家等の)トラクターは壊れづらいが、コンバインが壊れたときが勝負ではないかとみている。当家としては作業受託のほうが収益性が高いので、そちらも増やしたいが、利用権もあり、あと10年が勝負だとみている。

Cさんは、生活面では父母と同じ屋根の下に住みつつ、玄関・居間・食事・風呂を別にしている。お母さんの経験からの勧めによるものだが、玄関・居間は世代間のつきあいの違いを配慮したものである。このような形で三世代世帯による「いえ」農業も徐々に変わりつつあることが、その居間で奥さんともどもヒアリングに応じていただくなかで実感した。松本市の新興塾の取組みはすばらしいものであるが、農業従事の如何を問わず、配偶者まで視野に入れる必要がありそうである。

小括――組織対応と個別担い手経営の関係

神林村をみると江戸・明治時代の「村」がいい意味で現在に生き継がれているといえる。地域における協同の取組みのきっかけは村＝農協規模での育苗センターとライスセンターである。これを農協営ではなく利用組合方式でやったことが協業の具体化になった（第1章1の佐賀の事例に通じる）。ついで村規模でBRが組織されたが、これは村＝農協支所の「上から」の呼びかけと、集落の農家組合の連合体としての対応の二面がある。その結果、BRは集落内の団地ごとに取り組み、独立採算制になった。村規模の集団栽培組合は企画団体であり、実行団体は集落内のBR団地である。しかし集団栽培組合はたんなる企画団体にとどまらず、自らの下部組織として、それまで個別相対だった転作作業受委託を組織として受けるオペレーター集団を機械銀行受託組合として組成した。つまり村レベルでの協業が組織されたわけである。

自民党農政時代の経営所得安定対策といえども、結局はこのような地域の自主的な取組みの上に乗っかったものである。とはいえ同じ農政でも、地域の上に乗っかったものと、地域の取組みに水を差すものの差が出てきたといえる。

受託部会のACA化に当たっては、若い農業者を地域で育成・確保したいという、長期的視野に立った地域の悲願が込められているようである。ACAのメンバーをみても専業農家は組合長のように集約作に取り組んだりしていて、土地利用型の若い担い手はCさん等にとどまる。他方でCさんとしても、たんに個別経営として規模拡大するだけでなく、村のBRの取組みの中でACAの転作受託作業を優先的に担当させてもらえることで、専業農業者としての所得確保ができている。先に「人格形成」云々にとまどうとしたが、要するにこのような「地域農業の担い手」としての自覚を求めているものといえる。

3　島内村における集落営農と担い手経営

(1) 集落営農の展開

島内農業生産組合

島内《しまうち》村は前述のように明治合併村であり、小学校区であり、農協支所も置かれている。村には17の町会があり、集落数は15、農家数705戸となっている。

島内では1987年にライスセンターが設立され、それを中心にコンバイン4台を入れての共同利用組合ができ、当時はオペレーター12名、現在は3台を5名で運転している。後述する法人の設立者は全員がこのオペレーター経験者であることは特筆される。また91～97年にかけて、宅地化が進んだ地区を除いた475haを対象として圃場整備に取り組み、30a区画化した。

島内村は市街化区域に隣接しており、都市化が進んでいるが、松本市一の米どころであり、経営所得安定対策に加入していた経営も有限会社3社と個人認定農業者3名がおり、2008年の農地流動化率も27%と市平均の20%を上回っている。個別経営中心の農業再編がある程度進んでいる地域として市内では特殊な地域である。

このような地域に品目横断的経営安定対策の話が持ち込まれた。農協の方針は、①政策に対応するために組織をつくる、②当初は認定農業者は除いて組織する方針だったが、オペレーターが必要ということで後には認定農業者にも入ってもらうことにする、③集落単位に組織する、の3点だった。

しかし基準の20haをクリアできない集落が発生し、それでは7つぐらいの組織にしたらどうかということで、話し合いがなされた。だが話がまとまらないうちに、政策のスタートが迫り、「苦肉の策で」島内村一本での組織化となった。集落単位あるいは7組織化案がまとまらなかった理由は、①集落単位の農家組合長は2年単位で交代し、リーダーを確保できない。②5年後に集落単位で法人化するのは話が重い、③政策はくるくる変わるのでそんなに一所懸命にやらなくてもいいのではないか、④宅地化が進んでいるところは、別に交付金などなくても兼業で稼げばよい、といった点である。これらは多分に取組みそのものに対する消極的意見ともいえるが、それを無理して集落単位でやらなくても、村一本でお茶を濁して、もらえるものをもらっておけばよいという意見ともいえるし、農協が問題提起するなら、農協支所単位で取り組めばよいという「農協任せ」の姿勢ともいえる。そこには島内村の農業リーダーたるべき農業専業的な人材は法人経営になっており、交付金をもらうために組織化しなければならない存在ではなくなっていた点もあげられよう。

こうした消去法で明治合併村単位の集落営農組織としての特定農業団体・島内農業生産組合が2006年11月に立ち上げられた。麦・大豆の出荷名義の一元化、種子・袋・作業委託代金等の経理も一元化する。麦・大豆はできる限り自分の機械で自作する。委託する場合は農協に申し込む。オペレーターは現在９名で、法人（浜農場）や認定農業者が主としてあたり、年齢は29～67歳にまたがる。彼らは機械持ち込みで、時給１７００円である。

実際の作業はどうか。完全自作は２名のみ、刈取りの組合委託が３分の２とされている。この方式で麦１２０ha、大豆80haをこなしている。交付金の帰属や配分については、産地確立交付金（４０００万円程度）は直接に地権者の個人口座に入る。経営所得安定対策の交付金は組合口座に入る。組合としては、麦・大豆の販売代金と交付金の合計から作業料金等の経費を差し引いた残額を面積割りで組合員に配分する。

ここで産地確立交付金と経営所得安定対策の交付金（黄ゲタ、緑ゲタ）の扱いが違うが、前者は水田土地に係る生産調整（転作）への協力費として地権者に帰属し、後者は作物に係る価格補塡として出荷者たる組合に帰属するという整理なのだろう。後者も実費を差し引いた残額は最終的には地権者に配分されるので、直接・間接だけの差かもしれない。

米については経理一元化等は考えられていない。出荷農家が４００戸を超え、転作のような作業受委託の実績もないからだろう。

要するに組合は麦・大豆のみを扱い、その販売・経理の一元化のみを行ない、機械等はいっさい所有せず、組合に作業委託した場合には農作業機械代金が経理一元化の対象になるわけである。組合は実態的には経営所得安定対策の受け皿組織であり、かつ転作作業受委託の担い手農家等への斡旋・作業料金精算機能を果たしているといえる。

高松営農組合

高松は「はじめに」で述べたように藩政村であり、今日では農家戸数104戸、水田反別82haである。

この高松村が特定農業団体として2008年3月に島内農業生産組合から分離独立した。二重加盟にはしていない。設立された高松営農組合の参加農家は85戸、面積は90・5ha（水張り面積70ha）である。不参加は以前から法人に貸し付けている農家であり、ほぼ全戸参加とみてよい。

分離独立は前述の島内農業生産組合の設立経過からしても、当然の動きともいえる。まず島内全体でつくり、ついで集落も立ち上げて、その暁には島内は解散するというストーリーだったからである。しかし現実にはなかなかそうはならないで島内が残ってきた。そのなかで高松や次項でみる小宮が独立した理由は何か。

島内村は今日、15地区に分かれているが、そのうち高松と小宮は農家数が100戸にのぼり、その他の単純平均37戸（9〜62戸）ほどの農業集落に対して突出している。つまり高松・小宮は藩政村の時代から突出した大村だったといえる。

そのうえでリーダーの存在があげられる。仕掛け人は他地区の農協支所長で特定農業団体・悠久の里「岡田営農組合」（348戸、24ha）を立ち上げた人であり、集落営農のノウハウを熟知している。事務局長（63歳）も農協を7年前に早期リタイアして野菜づくりをしてきた人である。補助金の受け皿組織をつくるためには事務局がしっかりしており、段取りをつけられる人がいないとだめだと本人たちは強調する。家で農業している人はめんどうなことはできないという。その点で規模の大きな高松は数人の農協関係者を抱えていた。さらに作業受託の体制をとれる必要がある。オペレーターは16名を確保しているが、中核になるのは後述する認定農業者の青年で、母親とともに9haほどを経営している。島内も結局は転作作業委託が主流になるが、その中核オペレーターは浜農場等の法人だったのに対して、地元のオペレーターを中心に組織を固めようとするのが高松の動きともいえる。

実際には麦26ha、大豆22haの転作に取り組んでいる。このうち麦は作業受託方式だが、大豆は農協を通じて麦跡を反3000円で期間借地して組合として取り組む。麦と大豆に4haの差があるのは、二毛作すると雑草が多くなり田が荒れることが嫌われるためである。そこで島内では期間借地の小作料2000円のところ、高松では1000円上乗せしている。麦については、組合への作業委託が7割程度である。機械作業は、麦はオペレーターが所有機械を持ち寄って行なうが、肥料の運搬や袋の口開けといった手作業は機械のない人が時給800円（2010年は900円）で補助する。会計の仕組みは島内と同じである。大豆は組合のコンバインを使い、時給は1200円（同じく1500円にアップ）。

水稲については個人の取組みとしているが、09年は収穫作業について組合で作業受委託のとりまとめをした。その結果、15haぐらいが出てきた（オペレーター分が6ha）。

こうして島内から独立したうえでの論点は2つある。ひとつは法人との関係である。高松の内にもほとんどの法人や担い手農家が入り作している。それがどうなるか。利用権が設定されている場合はそのままだとしても、作業受委託しているものについては組合のほうにくるのではないかとみている。高松も転作はブロックローテーション（以下ＢＲ）している。法人に利用権設定されている水田はＢＲに入らないが、もともとは水利の関係もありＢＲに協力する約束になっており、ＢＲのど真ん中に利用権設定地が入った場合は協力してもらっている。このようにみると、今後は高松の水田に法人等が利用権で入ってくるのは考えにくい。すでに利用権設定されている水田も地元への協力ということもあり更新時には組合のほうにくるのではないかとみている。組合にはほとんどの農家が入っているので、何事も組合の了解なしにはできない仕組みになっている。かくして、経営所得安定対策を契機に新たな「むら」ができた、あるいは「むら」が再編強化されたともいえる。要するに「潜在的貸し剥がし効果」が予想されている。

もうひとつの論点は、組合自体をどうするかである。組合内には、ゆくゆくは法人化して法人として利用権の設定を受けるべきという意見と、様子をみるべきという意見がある。前者について先の青年農業者が作業の中心のみならず組織の中心にもなる必要があり、そのためには通年就業が求められ、作業受託の拡大も必要になるとして第一の論点に関連する。後者については税金問題やみんな勤めの片手間にやっているのできちんとやるには事務局が大変だという懸念がある。

島内からの他集落の後追い独立、あるいは現状の「補助金の受け皿」から協業組織になるのかどうかも含めて全ては補助金（交付金）の条件次第であり、「政権交代もあり雲行きがおかしくなった。様子をみながらやろう」というのが地元の一応の結論である。

以上は２００９年のヒアリングだが、11年春の再訪では、11年から2年かけて法人化する予定で、その具体的なあり方の検討を始めた。政権交代ショックからは立ち直ったとみられる。しかし他組織が前身を持ち、そこから資産を引き継いでいるのに対して高松はゼロからの出発である点にハンディを感じている。前述のＡＣＡや島内農業生産組合が農協主導だったのに対して、高松は農協とは一線を画して行くつもりである。

高松営農組合の中核オペレーター

前述のように組合の中核オペは26歳の青年農業者である。彼について補足しておきたい。祖父の代から2ha所有の高松内では大きな農家で、本人で18代になる古い農家である。建設関係の自営兼業をしていた父が13年前、本人が中３の時に病没。現在58歳の母が後を継いできた。農地は学校敷地に１haとられたが、借地５haで計６haを耕作。本人は農業が好きで農業短大卒とともに経営継承し、その後３ha増やして現在は９ha経営。９haは2～３km以内におさまり、あまり不便は感じていない。地権者は７人で、農地の話はやはり母に来るという。小作料は８０００～１万６０００円の幅があるが、下がり気味である（ピークは2万４０００円程度）。期間は３～5年で、10年というのは高松内でもない。地価は10ａ90万～１５０万円程度で、当分買う気はない。

今のところ年１haの割で借地が伸びているので、当面の目標は水稲10ha、転作と合わせて15haである。法人経営もあり競争は厳しい。

作付けは水稲9ha、転作3haで、水稲はコシヒカリ、10a10・5俵平均で、9割は農協に出荷しているが、直売を増やさないとオカネがとれないという。資材は農協利用である。

さて高松営農組合は、麦は播種・収穫等の作業受託、大豆は組合が全て行なう。麦播種は技術的な点もありほとんど彼が担当し、収穫は5割を担当する。大豆の播種も彼がやり、収穫は半分が彼で、残りを他の4人が担当する。麦は作業料金制で播種・追肥・収穫それぞれ機械持ち込みで10a8000円、大豆は先の時給1500円である。トータルで組合から彼への支払いは500万円ほどになり、全体収入の3分の1になる。組合は2009年度に200万円の赤字を出し、経営的に苦しく、作業料金等もディスカウントしてもらっているが、島内村内では競争が激しく、協定料金でやっている者はいないという。

彼は前述の松本新興塾の塾生として2年目を迎えている。塾はリーダー育成をめざしており、市外のあづみ農協からも参加しており、狭い地域を越えた人のつながりが大切だと感じている。その他に、サラダクラブ（市内の35歳以下の農業青年30名の会）、水稲ネット（ドットコムのなかの水稲10名くらいの集まりで、ネットにより情報交換）等にも属している。

このような彼の関わり方をみていると、法人化するとした場合には、ACAのような型をとるようなことが予想される。

小宮アルプス営農組合準備会

小宮は前述のように藩政村であり、今日では農家120戸、面積120haである。ここには後述する法人「高山の里」が40ha、その他の法人が10haほど入っており、残り70haを準備会26haとその他の個人44haで分けている。生産調整は農家組合が仕切り、法人も参加して取り組んでいる。内部に4つの常会があり、うち西部・東部は「高山の里」が中心であり、真ん中の中部と南部が準備会のエリアになる。

準備会には18戸、26haが参加した。島内農業生産組合には全戸が参加しており、準備会には個人単位の参加になっている。したがって26haというのは参加した18戸の所有面積ということになる。

小宮の組織化の動きは早かったが、後から農協が島内農業生産組合の組織化を図り、小宮アルプスの動きを吸収してしまったと当事者はみている。しかしやはり小宮は小宮でやりたいというのが根底にあるようである。また前述の高松にはJA職員がいて、「たんなる補助金の受け皿だけでなく、米も含めてやろう」ということになったが、小宮は面積も大きく米は自分でやりたい人が多くて、立上がり方が違うとも言う。

では小宮の動機は何か。図表4－3にもみられるように、小宮は定年後の野菜作が主体になっており、野菜中心の人は米にはあまり関心がなく、野菜の団地化を図りたいのが動機だ。圃場整備地は土が浅く、集落居住地内の工事の手をかけていない農地のほうが野菜をつくりやすいということで、そこを団地化したいという2～3人の話し合いから取組みが始まった。

図表4－3　小宮アルプス営農組合準備会の委員（2009年）

担当	年齢	面積	主たる作目	備考
委員長	76	240a	野菜	元会社員
副委員長	68	250	野菜（洋菜、レタス）	自営業
会計	68	100	野菜（パセリ）	元会社員
稲作担当	73	180	水稲	元会社員
麦大豆担当	70	300	水稲	専業農家
野菜担当	70	150	野菜	元会社員
南部担当	70	150	水稲	元会社員
中部担当	42	300	野菜（レタス、ブロッコリー）	父死亡でUターン・脱サラ
監査	59	200	水稲・野菜（ごぼう）	JA定年退職

野菜はレタスが中心で、ブロッコリー、ハクサイ、キャベツ等を水田でつくっており、出荷は農協である。野菜は高齢化しても手作業でできるとしている。重量野菜のキャベツにも取り組んでいる。

当面は、2008年に補助事業で汎用コンバインを導入し、大豆収穫の共同作業に取り組むことから始めた。オペレーターは4名で、42歳の若いメンバーが中心になっている。オペレーターは時給1700円、手作業は1200円ということだが、経理面は島内農業生産組合の枠でやっている。当面は機械を所有しているので加入しない個人も、稲作の最大の問題は機械の負担なので、更新時にはいずれウチにくるのではないかと委員はみている。

次のステップとしては18人で作り交換等をして野菜団地10haぐらいをまとめて、連作障害をさけるために圃場を変えていきたい。そのためにも自分たちで農地を保有していることが望ましい。メンバー間の貸借も小作料

2万円で進めている。貸借は準備会を話し合いの場として具体的には相対で進める。具体的な形はあくまでコンバイン協業（受託）による麦大豆中心の組織であり、米や野菜の協業は考えられない。最初は法人化を目標にしたが、機械の共有などを考えると、行き詰まる可能性もあり、経理面だけから進めるわけにもいかず、検討中というところである。

「準備会」の名前がとれるかどうかも微妙なところだろう。高松と比較すると、集落規模は同じだが、組織がカバーする割合は低く、稲作や麦大豆転作（経営所得安定対策）への関心も必ずしも高くはなく、高松のようなJAの職員・OBといった事務局担当群の層も薄く、高齢化も進んでおり、野菜作を軸としながら、その後継者の見通しも低いとすると、組織の持続性には不確定な要素が多いといえる。

なお2011年3月に再訪したときも「準備会」の状況は変わらず、周囲からは強力なリーダーの欠如が指摘されている。これまでみてきたように、農協OB等のリーダーシップと実務能力を兼ね備えた人材が要請されている。

(2) 法人経営等の展開

ここでは島内村の3つの法人経営と法人化していない大規模経営1戸の計4つについてみていく。ポイントはこれまでにみてきた集落営農化との連携・競合関係だが、大規模経営の実態を紹介しつつその点に触れることにしたい。10項目のヒアリングを紹介するが、一部省略した項目もある。

浜農場（66ha経営）

①立地：町集落（藩政村、農家62戸、30ha、市街化調整区域が多い零細農地帯）に立地する。集落内に集落営農の動きはなく島内農業生産組合との関係になる。

②経歴：農業大学校卒業後、家の農業を手伝う。自作地1.8ha、肥育牛60頭程度をやっていたが、畜産は都市化で困難になり、法人化直後にやめる。ライスセンターのコンバイン作業のオペレーターとして働きつつ、作業受託で拡大した。利用権はボツボツだった。

③法人化：1990年に10ha弱に拡大したところで有限会社として法人化した。法人化の理由は経営としてキチンとする、情報収集等いろいろだったという。相談はせず自分の知識で法人化した。構成員12名、資本金1000万円で出発。構成員は集落の農業仲間4戸、取引先5名、アルバイト的に手伝う者3名だった。当時、圃場整備がなされ30a区画になったが、法人化とは関係ないという。

④労働力：現在の労働力は、本人60歳、N氏45歳、長男29歳が取締役、従業員として次男25歳、その他2名（40歳と21歳）の計6名である。臨時雇用が延べ人数で3名（実人数にして1人、本人は労働力9名体制としている）。給与は本人が月60万円、N氏46万円、長男35万円、その他は時給で800〜1400円である。事務は妻58歳がやっており、長男妻30歳に引き継ぐ予定である。

⑤農地：経営面積は自作地4ha、利用権設定受け32ha、特定作業受託として大豆15ha（うち期間借地5ha）、ソバ15ha（うち期間借地13ha）で計66haである。そのほかに水稲の作業受託が春作業、秋作業各20ha、麦の転作作業受託5ha。9名ではギリギリの作業量だという。水田10aを09年に反

当150万円で購入しており、今後とも農地が売りに出れば購入する予定である。利用権のうち15haが集落内、15haが島村村内、村外は2haで、遠くて10km以内である。作業団地として10カ所に及び、水管理に苦労している。借地はほぼ棲み分けられているが、認定農業者同士の借地の入り組みもあり、作り交換が必要である。小作料は1万5000～2万円だが、2万円以上もあり、全て金納、期間は1～5年が多い。畔草刈りを地権者に頼むのは10％程度、水管理の再委託はない。借地の拡大スピードはここ2～3年アップしている。向こうから申し入れてくるのがほとんどで、飯米用に一部を残すのは少なく、全面積貸し付けである。作業しているときに「来年はだめかな」といってきて話が決まるという。

⑥作付け：水稲―麦―大豆・ソバの2年3作である。面積にして、水稲14ha、麦11ha、大豆15ha、ソバ15ha、果樹2haである。米の販売は農協20％、飲食店40％、消費者30％、酒米の契約栽培10％で、直売は80％になる。60kg当たり無農薬栽培で2万2000～2万3000円、減農薬栽培で1万8000円である。麦は農協売り、大豆は豆腐屋、ソバは自家販売だが農協に切り替えるかもしれない。資材は80％が農協からである。

⑦収支：総売上額は1.2億円、作業受託料が1000万円、交付金の総額は2000万円で緑ゲタ900万円、黄ゲタ700万円、残りが産地確立交付金、法人としての所得が2000万円という（ただし交付金の交付時期により1000万円単位のズレが生じる）。機械購入の借入金が2000万円ほどあるが、利子補給により負担はない。資金は「使ってくれ」「使わないと損」だ。

⑧集落営農等との関係：入る必要がないので島内農業生産組合には加入していないが、組合からの作業受託はある（地元では加入しているとみられている）。集落営農との競合はない。むしろ、集落の、組織をつくりたいが20 haをクリアできない農家12戸から同法人が利用権設定を受ける形式で経営所得安定対策の対象となるようにしている農地が3 haほどある。これは機械作業を法人が行ない、同法人が「肩代わりして」交付金を受け、作業料金を差し引いた残額を地権者に渡している。これを踏まえて、同法人としては、自らも加わる形での集落営農化を地域に勧めており、2010年あたりにはある程度の形をつくりたいとしている。

⑨今後：将来的には、子どもたちへののれん分けは考えず、会社として継続していくつもりである。規模拡大は状況次第であり、作り交換等で効率があがればさらに拡大できるが、現状でそこそこやっていけるので規模拡大の気持ちはあまりない。

⑩農政：交付金がないならないで直取引等でやっていく体制づくりをするので、ともかく「ぶれない農政」にしてほしい。

有限会社・高山の里（45 ha経営）

①小宮村に居住。小宮村についてはは小宮アルプスのところで述べた。小宮の認定農業者は小宮アルプスの代表者と同法人の2人のみである。

②父の代から1.8 haの水田耕作の専業農家で、本人は農業高校を出て就農し、カーネーション60 a

をやるが、手がかかり、雇っていた近所の人たちも兼業に出るようになり、それをやめて他の法人関係者と同じく平瀬高度栽培組合のオペレーターになり、平行して作業受託や利用権で規模拡大して7haまでもっていった。農協理事も務めた。

③1994年に近くの同規模のオペレーター仲間（親戚ではない）とともに2人でいきなり有限会社を立ち上げた。出資金は300万円で、機械は2人の所有を持ち寄った。社会保障関係を整えて従業員を雇うのが目的のひとつである。法人名は小宮村の姓はほとんどが「高山」なので、そこからとった。

④労働力は本人57歳、パートナー氏は54歳。本人の長男30歳、従業員45歳の4人体制である。本人妻は婚前から市役所勤務（保育士）を続けている。息子の妻も同じ。パートナー氏の妻52歳は家で農業をしており、忙しい春作業だけ手伝う。本人のワンマンファームでの拡大が、パートナーと組んでの雇用経営としての法人立ち上げの大きな背景といえよう。年俸は本人とパートナーが各1260万円、従業員700万円、息子450万円である。

⑤経営面積は45ha、期間借地が10ha、作業受託10haである。農地は小宮村内が4分の3、その他の島内村内が4分の1である。小作料は1万8000〜2万円で2万6000円もある。期間は3〜6年が多い。水管理等の地権者戻しはしておらず法人で行なう。

⑥作付けは水稲35ha、転作10ha。米の販売は80％が農協である。資材は100％農協。

⑦収入は販売額5600万円余、作業受託1000万円、計6700万円で、当期利益は170万

円ほどでほぼトントンといえる。交付金収入が3300万円、先の4人の報酬・給与総額が3600万円で、ほぼ売上額＝物材費、人件費＝交付金という関係である。給与水準が相対的に高いが、積立てをする余裕はない。

⑧競合関係については、法人同士は棲み分けているので競合はないが、集落営農との間には若干ある。小宮村では前述の小宮アルプスが立ち上げを準備している。2ha、3haと規模の大きい農家と零細農家が貸し、中間層が小宮アルプスに行くようになっている。予定メンバーのなかには同法人に貸している農家が4～5戸、2～3haある。貸し剥がしは起こっておらず、それほど脅威ではないが、自分たちが拡大したいときには農地が出てこなくなる可能性があり、その点で困る。他方で同法人は、4人で45ha、麦・大豆を含めた延べ面積は85haになるので、ちょうどよい面積だという。

⑨⑩従業員を増やして拡大するかどうかについては、「我々は転作、補助金で生きているようなもので、政府の方針がクルクル変わると先が読めない。5年先が見えれば拡大を考える」という。要するに集落営農との競合よりも農政の安定性のほうが先決だというわけである。

有限会社・北清水（20ha経営）

①上平瀬集落（藩政村・平瀬村の一部）に居住し、同集落は農家13戸、20haである。

②父87歳は塗装の自営業をしており、自作地2.5haでずっとやってきた。浜農場と同じくオペレーターとして活動しつつ作業受託から徐々に利用権を拡大し、法人化直前には10ha経営になっていた。

③1994年に有限会社・北清水を設立。「北清水」は屋号からとった。出資金は300万円で本人一人で出資した。

④現在の労働力は、本人56歳、妻56歳、次女29歳、三女26歳、次女の婚約者28歳の5名で、その他に季節雇い男女各1名である。年俸は本人500万円、妻300万円、婚約者250万円、娘は各130万円である。

⑤経営面積は自作地2.5ha、利用権17・5haの計20haである。利用権は居住集落はゼロ、集落外の島内村内が大部分である。遠くて10km、あとは6kmぐらいである。作業的にある程度まとまっているのが4カ所、あとは分散である。作業受託として春・秋各15ha、範囲は利用権と同じである。小作料は田の大きさに応じて反1万〜1万8000円の金納である。貸付けには「もれなく小さな田がついてくる」という。地権者としては抱き合わせで条件の悪い田も借りてもらうようにしている「抱き合わせ貸付け」である。期間は当方から3年でお願いしている。小作料が変動するので途中で下げづらいというのが理由である。畔草刈りや水管理は全て法人側で行なう。なお麦跡の大豆だけの期間借地を5haやっている。小作料2000円払い、産地確立交付金は地権者、経営所得安定対策の交付金はこちらにくる形である。

⑥作付けは水稲12haで、コシヒカリ反当11俵である。転作8haは麦—大豆である。連作は避けている。米の販売は農協売りが8割である。2割はホテル、飲食店に白米にして10kg4000円で販売している。資材はほとんど農協である。

⑦販売額は5000万円、交付金は1300万円程度で、「私たちの給料分くらいがきている」。収支はゼロにしている。

⑧⑨規模は5人の労働力でギリギリだが、やり方によってはあと10 haぐらい拡大できる。しかし集落営農が出てくるとわからない。小宮アルプスは高齢だが、高松は条件のよい土地であり、同法人も1 haほど借りている。高松が立ち上がってもこれを返還するという貸し剥がしにはならないが、作業受託の部分は向こうに行く可能性があり、また今後は農地が出てこなくなる可能性はある。したがって10 ha拡大の予想はつかず、どの農場も同じ状況を抱えている。一人が大きくなるよりも大勢の人が地域に関わったほうがよいが、20 haのまとまりがなかなかできず、島内、高松のほかにもうひとつできるぐらいではないか。

⑩生産調整については、現在の流れのなかで作業計画を立てているので現状程度が効率的で、緩和された年は秋に作業が大変で大騒ぎになったという。農政はコロッと変わるとまずいことになるので、ぶれずにゆっくり変化してほしい。

Kさん（よろず屋・夢眠ファーム、11・6 ha経営）

①新橋集落、33戸、7～8 ha。高速道路に面しており、新橋の農地はほとんどが市街化区域に入っている。

②北海道で4年間の酪農研修後に帰郷して22歳で就農。当時は父とともに水田1.6 ha、酪農20頭を

経営し、飼料作は１haぐらいだった。25歳で農業者年金の関係で経営を継ぐ。本人は46歳、妻37歳は大阪出身で、農協のイベント「緑の風」で知り合い結婚、現在は子育て中だが、農業に興味はある。酪農は１９９５年に父が死亡し、手不足から翌年に廃業。そこでどういう経営をするかを考え、耕種農業と不動産業でいくことにする。不動産は市街化区域内に30ａ所有する農地を転用し、定期借地権で２社に賃貸。年間地代は６００万円にのぼり、経営の基礎になっている。相続税については納税猶予制度を活用した。

④２００４年にそれまでアルバイトだった男性49歳を通年雇用にした。金型工だったが会社が倒産する。年棒で２４０万円。それまで水稲５ha、転作２haだったが、雇用する以上は拡大が必要として２００７年に現在の10ha経営まで拡大する。

⑤借地の分布は、新橋内は40ａしかなく、高松・島高松3.3ha、市内の村外に1.8ha、波田村に２カ所3.8haで、最遠で15km、クルマで15分だ。後発部隊であり、島内村内には法人や認定農業者も多く、残された農地は多くなく、知らない人ではないので、取り合いは避けたいということで、「１ha以上まとまったら行きますよ」ということで村外に出ることにしている。また１戸の面積が１ha以上の人を優先している。それが12名程度、合計で地権者は20名程度。小作料は金納で１万５０００～４万円まで様々だ。期間は３年が多い。６年から３年に切り替えた。固定資産税の見直しが３年ごとなので、それに合わせている。

水管理・畔草刈りは当家で行なう。波田開田には水番（水見）がいて、反当２５００円払っている。当地はスイカの産地ということで、その地代が基本となって2万円と高い。
⑥転作率は35％。水稲は9割がコシヒカリで、反収は9俵。販売は農協主体で、直売は縁故のみ。直売は代金回収リスクがあり、単価的にも10kg5000円にならないと魅力はなく、ただちに取り組む気はない。資材はほぼ農協利用。3戸でわら専用の営農組合をつくり、3人で1000万円の売上げがある。畑作も3haやっており、麦・大豆のほか、牧草を生産販売している。酪農経営のなごりといえる。不動産経営、耕種農業、ワラ販売と多角化しているところから「よろず屋」を名乗ってはいるが、その名はあまり使っていない。
⑦販売額はわらも含めて1300万円、不動産収入600万円、交付金が合わせて250万円、計2150万円の収入だ。
⑧集落営農との関係は、島内農業生産組合には加入しているが、どういうビジョンでやっていくのか、組合で全て行なうのか不明だ。外注に出すというなら受けるが、今のところは様子見、じっくり静観というところだ。
⑨目標としては、水稲12〜15ha、転作5〜10ha、畑作3〜5haで、30haぐらいを考えている。法人化は考えてはいるが、法人化のメリットがあるか微妙なところだ。20haぐらいあれば法人化するが。「もう5年したら農業リタイアして預けるよ」という人は多い。2人で30haはやれるので、その段階で次のステップを考える。相続税納税猶予地も借りられるようになったのが変化だ。
⑩農政が大きく変わるというときに政権交代になった。戸別所得補償の基本が不明だ。

地域農政の推進に当たって、県は各自治体に地域農業支援センターの立ち上げを指導しているようだが、その具体的な姿を今回は見ることができなかった。農協は「ワン機能化」はしていると言うが、長野県下の動きは総じてそうだといえる。とくに後継者の養成や新規就農者の支援についてはかみ合った対応がなされている。

しかし、経営所得安定対策への現場対応は農協の活動が前面に出ている。それを支えているのは、県下の他の合併農協と同じく、支所をたんなる金融支所とせず、営農生活課を置き、本所の農業企画課の指導のもとに集落営農の育成に取り組んでいる点である。かつ実際の集落営農の立ち上げにあたっても現役・OBの農協マンが自ら取り組んでいる。事業絡みの複雑な取組みの事務局機能は、そのような人材抜きには現実性を欠くのが実態のようである。

4　まとめ

松本ハイランド農協の特筆すべき点は2つの農協出資型農業生産法人の立ち上げであり、いずれも組合員農家の当面する問題の打開のために設立された。アグリランド松本は畜産危機への対応と経営受託であり、ホスピタル朝日は連作障害対策である。しかし両者とも今や転機に立たされている。前者については、その畜産経営は堆肥原料供給を除けば今や組合員との直接的関係のない農協の一事業部門に過ぎず、かつ収益的には厳しい。また経営受託も地域に集落営農が立ち上がるとその存在意義を問われることになる。

後者については農協が「病気」の農地を「入院治療」するシステムはすばらしいが、最近では耕作不能になった農地の預かりのほうが多くなった。本章で「社会的入院」と称した現象である。農協全体でも合併によって入ってきた中山間地域でその要望が強いようである。条件不利地域の農地を引き受けて黒字経営するのは至難の業であり、経営的に危険なことだが、すでに2つの地域でそのような事業に取り組んでしまっている農協がどう対応するのかは注目される。

集落営農について共通していえるのは、第一に、かつての機械利用組合からの実践が脈々と今日に受け継がれつつ、経営所得安定対策の受け皿になっている点である。そのような協同の歴史的経験なしの「ぽっと出」の集落営農化は難しい。

第二に、この地域の集落営農はあくまで転作対応を基本とし、米は個別経営にゆだねられている。これまたブロックローテーション等の協同の取組みの歴史に根ざすものといえ、かつ麦・大豆の交付金事業に対応しやすい形だった。しかし内田営農や高松営農組合にみられるように、徐々に稲作も経営委託せざるをえない農家も生まれている。

第三に、この地域の集落営農は、明治合併村（島内村）、藩政村（北内田・高宮・小宮村）をエリアとする構成員数の点で大規模なものが多い。このうち明治合併村については農協支所が指導にあたったことも響いているように見受けられた。農協依存が、支所単位での、どちらかといえば安易な「集落営農」化をもたらしたといえる。

　このような大規模集落営農は２つの面をもつ。ひとつは転作物の販売と資材・経理の一元化という「ペーパー集落営農」の面であり、いまひとつは転作作業の受託という面である。後者については集落営農としてオペレーターを確保し、集落営農として受けるケースと、形式はそうだが、実際には認定農業者等の担い手経営が再受託するという作業受委託斡旋組織にとどまるという２つの対応が、実際には線を画し難い形で存在している。

　そこで協業集落営農化をめざそうとすれば、明治合併村規模の集落営農から藩政村等のより小エリアでの集落営農への修正が求められる。そのような動きを示したのが高松営農組合や小宮アルプス営農組合準備会の動きである。しかし全ての地区でそのような動きが生じるかといえば、それは無理だろう。リーダー、オペレーター、事務局担当といった人材を確保できなければ、それは困難だからである。かくして明治村「集落営農」と藩政村「集落営農」は併存せざるをえないのではないか。

　次に、島内村の少数の大規模経営を図表４-４にまとめておいた。

　その共通点をあげると、第一に、ライスセンター傘下のコンバイン・オペレーターが前身になっている。ここでも歴史なしには担い手は育たないといえる。

　第二に、法人経営はいずれも豊富な労働力を有している。二世代家族に傍系家族も加わり、さらに浜農場と高山の里は共同経営・雇用経営の面ももつ。浜農場と高山の里は、妻・嫁は農業労働力というより、前者では経理・事務担当、後者は公務員である。豊富な家族労働力が規模拡大の元になったというより、規模拡大が子弟を就業選択させたといえる。

図表 4-4　島内村の大規模経営

	浜農場	高山の里	北清水	K 家
集落名	町	小宮	上平瀬	新橋
法人化年	1990	1994	1994	–
経営面積（ha）	36.0	45.0	20.0	10.0
（うち小作）	32.0	43.2	17.5	8.4
作業受託等	大豆・ソバ 30ha、水稲 20ha、麦 5ha	期間借地 10ha、作業受託 10ha		
家族労働力	主 60、（妻 58）、長男 29、（嫁 30）、次男 25	主 57、長男 30	主 56、妻 56、次女 29、婿 28、三女 26	主 46
共同経営者	45 歳	54 歳	–	–
雇用労働力	40 歳、21 歳	45 歳	–	–
米直売率（%）	80	20	20	–
その他	妻、嫁は経理	妻、嫁は保母		3 戸で藁販売、不動産経営

第三に、農協との関係が良好である。浜農場を除き米販売も8割方は農協であり、浜農場も含めて資材はほぼ農協である。農協は合理化事業や交付金をめぐり事務面でも強く大規模経営をサポートしている。

第四に、利用権については短期が多い。米価下落等に短期対応しないと地代が固定化されてマイナスになるためである。

第五に、経営収支的には、報酬の多寡はあるが、営業（農業）収益＝物材費等の経営費、営業外収益（交付金）＝給与という関係が成り立っており、まさに「補助金で食っている」状況である。40 ha、50 haの法人経営といえども、交付金なしには成立しえない事情を如実に物語っている。

第六に、それ故に農政に対しては「ぶれない農政」への期待が強い。農政が変わるにしても漸進的にして、経営計画を立てられるようにしてほしいという要求である。

第七に、法人経営間ではほぼ地域的な棲み分けができていて競合関係にはない。逆にいえば、Kさんのような後発経営は村外にエリアを求めることになる。

最後に、集落営農と担い手経営の競合関係については、結論的にいって利用権レベルでの「貸し剥がし」は生じていない。しかし作業受委託レベルでは地域に集落営農ができれば、地域のつきあいからそちらに行くことはあり得る。同様に利用権にしても更新時にはそういう可能性がある。既存のものについてはそうだが、しかし今後については「利用権が集落営農のほうに回る」というのが共通認識である。つまり大規模経営がさらなる規模拡大をめざそうとすれば集落営農はネックになる。現状では大規模経営は既存の設備と労働力ではほぼ限界に達しており、農政の不透明感のなかで、規模拡大については様子見をしているために、集落営農を具体的なネックと感じるには至っていない。今のところそのような「均衡状態」に地域はある。

他方で集落営農のほうをみれば、その存立が安定的とは決していえない。小宮アルプスにみられるように現在の野菜作の担い手は70代が多く、家のあとつぎはサラリーマン化している。しかし他方では内田営農は各年代にまたがってオペレーターを擁しており、このような集落営農は高齢労働力に依拠しつつもその世代継承性を有している点でそれなりに強靭といえる。

そのようななかで、浜農場にみられるように、オペレーターをきちんと確保している担い手経営と集落営農との何らかの連携を考えていくことが、双方にとって必要なことだといえる。そのような関係は神林村の神林ＡＣＡとＫさんの関係、島内村内では高松営農組合と青年農業者との関係にもみられる。とくに後二者は明らかに集落営農が若手農業者を中核オペに位置づけることで次代を育成しようという意識的な戦略に支えられている。

（主に２００９年９月、２０１０年８月調査、２０１１年３月に補足）

注

（1）長野県下の安曇野・上伊那の地域農業支援システムと集落営農については、拙著『混迷する農政　協同する地域』（２００９年、筑波書房）で紹介している。

（2）今日の長野県（１８７６年に筑摩県と長野県等が合併）、それが属する東山地域は農水省の調査（農業集落研究会編『日本の農業集落』１９７７年、農林統計協会）でも「大字がない」が農業集落の38％を占める点で、やや特殊な地域である。「大字がない」を藩政村＝農業集落と解すれば（農水省は「大字と農業集落が一致している」を別項目にしているが）、藩政村をもって日本の村落共同体の基本態とする「自治村落論」にとって好都合な地域であり、その格好のフィールドになっているが、その点については終章で触れる。なおこの地域の藩政村や明治村の雰囲気は大岡信編『窪田空穂随筆集』（１９９８年、岩波文庫）に活写されている。

第5章　津軽平野——青森県五所川原市

青森県五所川原市は2005年に金木町、市浦村と飛び地合併している。農協は金木町農協と五所川原市農協があったが、金木町農協は「つがるにしきた」農協に合併し、「ごしょがわら市農協」は09年に木造《きづくり》町農協と合併して「ごしょつがる」農協になった。五所川原の商業施設も市街とエルムの街のツイン・シティ化し、後者の人寄せが中心市街地のシャッター通り化を促しているように感じられ、市街地では区画整理が進んでいるが、その効果は不明である。ひとくちで言うなら「ばらけた」地域である。

ここに内地の農業感覚をもちこんでもなかなか通用しない。地域ぐるみの集落営農をさがしても見つからない（本章2）。担い手の主流は個別経営だが、その規模拡大は賃貸借よりも所有権移転が主である（同3）。このような東北農村一般のイメージでは割り切れない地域個性のなかに、家族農業経営の本姿を求め、同時にその課題を探りたい。

1　五所川原市における農業の動き

(1) 地域概況

地域農政の推進については、県民局の西北事務所が主催する情報交換会が調整の場になっているが、補完するものとして「五所川原地域担い手育成総合支援協議会」が課長クラスで組織されている。

農業委員会は事務局長が専任だったが、2009年から農林水産課長の兼任になった。女性の農業委員は3名いたが、合併後はゼロである。

農地利用集積円滑化団体については、つがるにしきた農協は農地保有合理化事業にも取り組んでおり意欲的だったが、人ではなく土地を対象とした事業のために組合員以外の土地も入ってくるということで断念した。ごしょがわら市農協は合理化事業もやっておらず、結果的に前述の担い手協が受け皿となっている。同市は、純粋に借り手を見つけられない案件のみを代理事業（白紙委任）に回しているが、2010年の実績は5件、5.2ha、11年7月までのそれは8件、7.5haと少ない。借り手としても規模拡大加算（10a2万円）自体は規模拡大にかかる経費の軽減として歓迎するとしても、それ以上に手続きの煩わしさを敬遠する傾向にある。

図表５−１　五所川原市における農地移動　（単位：ha）

年次	農地法有償所有権	利用集積計画所有権	所有権移転合計	うち農地移動適正化あっせん事業	うち合理化事業	利用権
2005	47.4	61.8	109.2	61.5	33.6	328.8
06	35.5	47.0	82.5	47.7	21.2	352.6
07	54.4	66.1	120.5	57.2	26.9	259.8
08	45.5	45.0	90.5	47.0	18.1	207.4
09	50.3	41.1	91.4	50.1	13.8	296.5
10	48.4	48.6	97.0	49.9	23.0	333.3

注：農業委員会による。

過去５年の農地移動をみたのが図表５−１である。所有権、利用権ともにほぼ横ばいであり、一定量が継続している。所有権移転は移動の４分の１を占め、他地域よりも相対的に多い。

売買については農業委員会としては横ばいないしは微増傾向とみている。最近は１〜２ha規模農家が高齢化や土地改良費の負担に耐えられず、ふんぎりをつけて売るケースが多く、１件当たり面積も大型化の傾向にある。

ただしりんご園は作り手がいなくて動かない。地域ではりんご園を廃園にする場合は伐採処理するのが暗黙のルールで、年間３haほど出る。

農地法による有償移転のほとんどが農地移動適正化あっせん事業にのり、その面積は１９９８年以降ほぼ50〜60 haを維持している。あっせん事業のうち農地保有合理化促進事業に供されるものは、１９９８年には42 ha、あっせんの７割を占めていたが、09年には33％で減っている（賃貸借を含む）。

農地購入件数の多い農家は農地保有合理化事業を活用する場合が多い。理由としては、公告されて金銭面が明確になる、嘱託登記、農業者年金の関係の農地についても合理化事業にのせれば適正な処分と認められる、等のメリットがあるからだという。

売り手としても譲渡所得税の控除メリットもあるが、1500万円控除を受けられる買入れ協議制にのったのは2009年には1件のみで、50代の世帯主の死亡に伴う5.4haの売買で、市内には買える農家がおらず、川向こうのつがる市の農家が購入した。

農地価格は20年前（バブル期）がピークで10a200万円程度だったが、ここ5〜6年は20万〜50万円程度に下がっている。前述のように農地移動には土地改良費の償還金負担が大きく影響している。10a当たりの償還金は1万5000〜2万5000円で、10年も延滞すると支払いが難しくなると言う。この地域では償還金は購入者が承継する形であり、その分、地価を安くしているという。

市内の買い手はほぼ30〜50戸に限られてきている。

なお農地転用についても1998年以降については10ha前後でほぼ横ばいである。2000年頃までは住宅用が多かったが、04年頃からは商業用が増え、09年には67％を占めている。

農外企業の農地取得については特定農地貸付法によるものが3件、44a（薬草）、70a（メロン）、21a（ネギ、大豆）で、建設業等の小規模なものである。農地法によるものは1件80aで建設業が耕作放棄地を復旧してじゃがいも、大豆を栽培している。農業に意欲的とみられている。

戸別所得補償政策に係る転作関係については激変緩和措置が県10億円、市1.7億円で、ほぼ産地確立交付金の水準を確保できた。旧五所川原市でいうと、小麦・大豆・つくねいもの転作は10a4万

7000円、野菜等は3万2000円である。結果的に政策変更で集団転作が崩れることも、また転作が増えることもなかったといえる（新たな転作参加は10戸程度にとどまる）。

（2）農業構造

行政や農協によるワンフロア化が実現にほど遠い状況のなかで、農業委員会が2007〜09年度に国の補助事業で「五所川原農業活力推進計画」の策定に取り組み、その一環として07年夏に農家台帳上の五所川原市内全農家に対してアンケート調査を行なった。配付数5002に対して回答は4618で回収率は92・3％だった。その農業構造に関する部分のみを簡単に紹介する。

世帯の世代構成

1人世帯が9.0％、2人世帯が23・6％で、一世代世帯と目されるのが33％と多い。3〜4人世帯をいちおう二世代世帯とすると、全体で35％、そして5人以上をいちおう三世代世帯とすると全体で28％である。全国・青森県の2000年センサスの数値は先に見たが、それに対して五所川原市の「いえ」の崩れは顕著である。遠隔農業地域として他出者が多く、それが世帯員数の減少、世代構成の単純化をもたらしているといえる。

「農業従事者」（「30日以上農業に従事した者」と定義）がいない農家が29・5％を占める。その多くは労働力上の離農農家とみてさしつかえないだろう。五所川原市の農家総数5000戸は3分の2に目減りしているとみるべきかもしれない。

経営耕地規模の農家割合

まず「なし」の農家、すなわち「農家」ではあるが全て貸してしまっている「農家」が12・3％である。また無回答が13・6％もある（本アンケートが貸付けについて聞いていないことが無回答を多くした可能性はある）。「農家」のうち4分の1程度は貸付け離農しているとみるべきだろう。また1ha未満が31・4％である。

他方で10ha以上が6.5％存在する。実数で298戸（10ha台171戸、20ha台75戸、30ha以上52戸）に達する。これは第Ⅱ部の「はじめに」に掲げた2005年センサスの実数の3倍以上である。

かくして一方での離農と他方での一定の大規模層の形成という両極分解が進んでいる。

規模の拡大・縮小に関する意向

図表5－2のとおり、拡大したい農家が1割、それに対して離農意向の農家が全体で3分の1と多いのが注目される。「縮小したい」は5％と低い。つまり面積規模を縮小しつつ農業にとどまるのではなく、一挙に離農に向かうわけである。無回答が15％だが、これはすでに離農しているのだろう。3～4割の離農農家の農地を1割の拡大志向農家が吸収し尽くせるのかがポイントである。

経営耕地規模別にみると、1.0ha未満は離農が半分程度、3.0～10・0ha層は規模拡大の割合が相対

図表5−2　経営耕地規模（ha）別にみた拡大・縮小意向農家割合（%）

	なし	～0.5	～1.0	～3.0	～5.0	～10.0	～20.0	～30.0	30.0～	計
拡大	1.4	3.0	4.9	9.3	**26.3**	**34.4**	**25.7**	16.0	**25.0**	9.3
維持	10.4	36.2	42.9	54.1	51.2	48.9	44.4	37.3	46.2	36.5
縮小	1.8	4.1	5.3	6.8	5.8	4.0	5.8	**13.3**	5.8	4.7
離農	**45.8**	**55.2**	**43.8**	27.6	14.7	11.5	**22.8**	**29.3**	**23.1**	34.4
無回答	40.7	7.5	3.0	2.2	1.9	1.3	1.2	4.0	−	15.1

的に高い。しかし10 ha以上層では「拡大」と「縮小」・「離農」（やめたい）がほぼ拮抗している。20・0～30・0 ha層では「縮小」も一定みられる。5～10 ha層は拡大意欲をもつが、10～30 ha層では分極化し、30 ha以上層になるとふたたび拡大意欲が多くなる。全体的に10 ha以上層といえども決して安定的でないことがわかる。

規模の拡大縮小、離農

規模拡大・縮小等の方法としては、まず拡大は、購入39・1%、借入39・7%、受託13・6%で、購入・借入が伯仲する。規模縮小は、貸すのが3分の1、売るのが2割、耕作放棄も1割強みられる。

問題は縮小・離農の時期であるが、「すぐにもやめたい」が23・4%、「1～4年」が21・9%で、合わせて45%に達する。10年以内が6割、3分の1は無回答である。かくして近々の離農を考えているのが少なくとも4割には達している。

以上をまとめると、縮小・離農志向が4割、そのまた4割は近々に離農したい意向をもっていること、他方で規模拡大意欲も1割程度みられること、農地移動としては賃貸借を主流としつつも売買もかなりみられること、とくに規模拡大農家は購入志向が強いこと、そして耕作放棄も1割程度みられることである。

図表5－3　規模（ha）別にみた転作作業のやり方別農家割合（%）

	なし	0.5未満	～1.0	～3.0	～5.0	～10.0	～20.0	～30.0	30.0～	計
自作	4.0	7.6	14.1	19.5	**28.3**	**35.7**	**32.2**	13.2	**30.8**	14.9
集団	1.8	4.4	9.2	17.2	**26.0**	**20.7**	**21.6**	18.7	19.2	11.4
委託	14.0	23.7	**28.5**	**28.0**	18.8	14.5	17.0	**28.0**	21.2	21.2
しない	17.2	**19.9**	**19.9**	15.4	12.2	14.5	8.2	14.7	**19.2**	15.6
無回答	**63.0**	**44.4**	28.2	20.1	14.7	14.5	21.1	25.3	9.6	37.3
計	100.0	100.0	100.0	100.0	100.0	100.0	100.0	100.0	100.0	100.0

生産調整への取組み

図表5－3のとおり、まず無回答が37%にのぼる。農業従事者がいない農家が30%、また経営耕地なしの農家が2割みられるので、2～3割はすでに脱農的であり、その多くがこの無回答に入っていると思われる。

残りの農家についてみると「他に委託する」が21%、「転作しない」が16%、「自分でする」が15%、「集団で取り組む」が11%と分散する。後二者の何らかの形で関与する農家は26%になる。

自ら関与する農家と委託農家が各26%と21%、合わせて47%と半分弱、後はすでに離農しているか、転作しない16%ということになる。かなりの農家が転作からドロップしているとみるべきだろう。他方で集団と委託を合わせると33%になり、3分の1は何らかの地域集団的な対応がなされているともいえる。

経営耕地規模別にみると、階層性がはっきりしている。0.5ha未満では無回答が多い。3.0 ha未満では「しない」や委託が多い。3.0～20・０ha層では自作や集団で取り組むのが多い。しかし20～30 ha層は自分の関与は相対的に少なく委託が多くなる。そして最上層は自作も多いが「しない」も増える。

集落営農への加入意思

全体については、「条件があれば参加したい」が27・４％、「参加したい」9.1％、「すでに参加している」3.1％と合わせれば参加派は40％に及び、一応は関心が高いといえる。他方で「参加しない」21・２％で、理由は「機械が新しいから」「規模拡大したいから」等である。

専兼別には、専業では「加入しない」が３割を占め、「条件が合えば加入したい」と肩を並べる。それに対してⅡ兼では「条件が合えば」が37％、「加入したい」13％と合わせれば５割に達する。Ⅰ兼でも43％に達する。兼業農家が集落営農に期待しているといえる。

経営規模別には、0.5～5.0 haの中下層クラスで「参加したい」「条件が合えば」40～50％と多く、５ha以上は「参加しない」が30～40％と多い。この階層差が集落営農の取組みを規定している。

２　集落営農への取組み

２００６～07年にかけて、同市の集落営農組織を網羅的に調査した。そのうちめぼしいものを後述

図表 5-4　五所川原市の集落営農組織

タイプ	地域	範囲	転作組織	転作受託組織	作目	面積 (ha)
多数協業	高野（五）	藩政村	88 戸	88 戸	大豆・米	転作 23、米 65
	川代田（五）	集落	12	12	麦	7
少数協業	沢部（金）	集落	78	5	大豆	35
	神原（金）	集落	18	4	麦・馬鈴薯	10
	喜良市（金）	明治村	300	3	大豆	60
	飯詰（五）	明治村	183	4 戸と 5 戸	麦	70
品目横断対応	種井	藩政村	20	10	麦	?
	川山	藩政村	54	54	麦	10
	旭	集落	16	16	米	20

注：1.「地域」のカッコ書きの「五」は旧五所川原市、「金」は旧金木町。
　2.「転作組織」は集団転作に取り組む組織の戸数、「転作受託組織」は実転作作業組織。

するタイプ別に一覧にしたのが図表5－4である。

結論的にいって、同市の「集落営農」は転作集落営農であり、西日本に典型的な地域・集落ぐるみのそれというより少数転作作業受託集団の性格が強い。とはいえそれは、転作に関わるだけに地域ぐるみの転作組織を母体としており、その意味では広義の「集落営農」といえよう。そのタイプは、多数農家による転作協業組織、少数農家による転作作業受託組織、品目横断的対策への対応組織の3つに分けられる。以下では、まず事例を、①地域構造、②転作組合と営農組合、③リーダー像、④共同と協業の実態、⑤品目横断対応、⑥これから、の順に紹介する。とばした項目もある。また紙幅の都合から各2～3事例の紹介にとどめる。最後に各タイプの「性格」をまとめる。

なお予めいえば、法人化したのは喜良市のみで、他は２０１１年7月に至るも法人化していない。今後もそれは難しいだろう。協業の実態をつくることが先である。

(1) 多数協業組織

高野集落営農組合

①七和村大字高野（藩政村）。七和村には7つの大字（藩政村）がありそのひとつ。１７０戸の集落で水田１２３ha、リンゴ75ha。農協の下部組織としてリンゴ部会、水稲部会があった。

②１９８０年代初め頃に、圃場整備（30ａ区画化）に伴う集団助成があり、営農組合をつくり、88戸が参加し、トラクター、コンバイン各6台を購入した。ハンドトラクターは個々で買えるが、大型機械化しコスト節約もあり集団で購入することにした。この営農組合が営農転作組合に移行した。88戸については、構成員に貸した場合も入っているので減っていない。野菜農家や認定農業者（最高で借地込みで40ha農家）は組合に参加せず、個人転作しており、団地転作に不都合もある。

③組合長はSさん69歳、元の七和村農協の組合長で合併とともにやめて合併農協理事を3期務める。水田1.4ha、リンゴ畑0.6haを所有するが、ともに貸している。

その他、副組合長2名、理事は正副組合長を入れて10名、監事2名の12名体制。

④生産調整の当初は麦を団地転作したが、連作障害が現われだし、徐々に大豆に切り換え、２００５年には完全に切り換えた。また大豆のほうが収益性もよい。大豆も連作すると雑草が増える

ので圃場を替えている。

組合は転作作業と水稲の耕耘・収穫作業を協同で行なう。みんなリンゴに忙しいので、オペレーターを20名以上と多くした。40～60代で平均が50代後半である。サラリーマン兼業はおらず、水稲＋リンゴ農家がオペレーターになっている。オペレーターの日当は6～16時勤務で1万円。土建人夫賃は6000円程度だ。

組合は機械が6台あるので6班に分かれて行ない、かかった経費を本部から班に賦課金として請求する。

転作田の地権者には、交付金と「とも補償金」から10a当たり7万3000円を保障している。

⑤品目横断対応は組合として行ない、新たに加入したい農家は切り捨てるわけにもいかないので入れざるをえない。その場合には機械の支払い済み額を負担してもらう。

大豆については組合が販売権をもつ。米は耕耘と収穫は組合がやるが、田植えを含む主要3作業の協業にはならず、販売権も一元化していない。

⑥行政からは法人化しろと言われているが、消費税等の問題もあり、していない。

川代田集落営農組合

①松島村大字金山のなかの一農業集落で12戸、20ha。圃場整備済みで30a区画、償還金は1万円くらい。水稲とリンゴが半々のところ。

②転作は個人対応してきたが、7～8年前に転作組合をつくった。同じ大字金山のなかの野崎転作組合と一緒にやっていたが、補助金等の関係で川代田で転作組合をつくることにした。今思えば合併して大きなものをつくっておいたほうがよかったという。

③組合長のほかもう1人の認定農業者がいるが、面積の大きな農家はいない。川代田には組合長Oさんは54歳、創立以来の組合長。水田自作4ha、リンゴ1.2haで、粗収入は半々。

④麦転作を続けてきたが、連作障害が出て、大豆と組み合わせて輪作体系を組めないかということで、2006年から転作6.8haのうち大豆を3分の1ほど取り入れる。ブロックローテーションも始めた。自作できなくなった高齢者が3名（4.7ha）おり、当初は個人の農家に貸すつもりが、小作料が高くて借りられないということで、組合で引き受ける。この4.7haを核に不足の1.2haはブロックローテーションで決めてしまい、とも補償する。水稲の作り手が生産調整の未達成分について反当1万6310円を払い、組合が1000円上乗せして超過達成者に1万7310円を支払う。このとも補償金は米価スライドである。

転作の収穫作業は「豊心ファーム」（次節3の（1）のB経営）に委託する。その他の作業は、高齢者向けの仕事もあるからということで全面転作者も含め全員出動で行なう。日当等は払わず、転作物からの収益を還元することにしている。日当を払ったら赤字で集金が必要になる。いろんな事情で出役できない農家もいるが、戸数も少ないし、出役に倍の差はないので調整していない。収益で夫婦参加の県内温泉の慰安旅行をしている。「慰安旅行のための転作だ」。仲のよい集落で物事を決めるにもすぐ決まるという。

⑤麦の収穫の販売代金を個人配分せず組合全体で使っているので、行政がそこに着目して集落営農で品目横断の対象になるのではないかということで、集落リーダー育成事業40万円の予算枠から10万円程度が交付され、転作組合を集落営農組合に転換して麦転作が品目横断的政策の対象となった。

⑥水稲についてナラシにのるか検討中だ。米価暴落で何とか補償が欲しいが、そのための作業も増えるし、リンゴをかかえているところなので考え方の違いもある。利用権の設定をするかどうか難しいところだ。農協の対策室を呼んで説明を受けたが、ややこしい仕組みで頭に入らないので時間をかけてやろうということになった。

性格

多数協業組織のタイプは高野と川代田のみだった。いずれも旧五所川原市の米・リンゴ複合経営地帯である。高野の場合は野菜農家や大規模な認定農業者は参加せず等質的な米＋リンゴの主業農家になっている。川代田の場合は認定農業者2戸も参加しているが、突出した農家ではなく均質的だといえる。要するにこの型は米＋リンゴが特徴で、リンゴ作業が忙しく、転作なり稲作に共同で取り組んで処理することに目的がある。また複合経営であるだけに大規模な土地利用型農家もおらず、兼業傾斜でもなく、労働力がそろっていることが協同作業に向かわせたといえる。

しかしながら高野は稲作の一部作業まで協業しながら、水稲については品目横断的対策の対象になるまでには至らず、川代田の場合は小規模な組織で自ら「慰安旅行のための転作」と称しており、純粋経済的な行為というよりは親睦的である。

五所川原で多数協業による集団対応の形成は、このような主業的な農家の均質性、共通利害性といった点が契機になっているといえよう。

(2) 少数協業型

沢部営農組合

①金木町大字金木の沢部集落。78戸。

②沢部転作実行組合が全戸加入の転作とりまとめ組織。転作は個人のバラ転で行なっていたが、それでは収入があがらないために実行組合で話し合いをして1999年に5戸で沢部営農組合を設立した。実行組合で集まってもこの5戸しか集まらないのが現状だった。大規模農家が1戸いるが農協を通さないで自分で米を販売しており、その量確保には転作できないということで営農組合には参加しなかった（転作名義は買っているので認定農業者にはなっている）。

③リーダーはYさん55歳。1973年に父（75歳）が減反に伴う中山間地域の耕作放棄地を13〜14ha購入し、農事組合法人を設立。本人の代には2005年に110aを購入。現在は19haで3年前に農地名義を父から法人に移した。

1991年から施設園芸に取り組む。6棟480坪のトマト栽培である。始めた理由は育苗ハウスの補助金をもらう時に野菜等をつくる条件が入ったからだが、やってみて収量も単価もよくてやみつきになる。現在の価格条件では農業はできないから、後継者はいなくてもよいと考える。

④沢部営農組合の構成員はYさんのほか、51歳・6ha、47歳・6ha、45歳・7.5ha（左官兼業）、37歳・6ha（施設園芸・トマト）。全員が自作で借地はない。国と町の補助でコンバイン・播種機・管理機各1台をもつ。大豆の転作を沢部転作実行組合のものを21・1ha、集落外の金木・蒔田地区の14haも引き受ける。販売権も交付金も組合がもらい、委託料1万円を組合員からもらう。収益的にはやっと日当（6000円×60日）がもらえる程度。大豆は連作すると根粒菌がつくため2004年からブロックローテーション（BR）にする。員外からの受託分はBRをお願いしているが、だめなところもある。

⑤大豆転作が品目横断的政策の対象。水稲のナラシは個人で対応する。

⑥2007年3月を目途に農事組合法人化する予定だったが、実現はしていない。

神原営農組合

①金木町神原集落は農家18戸、水田55ha。

②神原転作組合は18戸で構成。水田利用再編対策で受委託をしないと加算金がつかなくなった時に組織した。1991年頃ではないか。転作の過不足を87年頃から10a当たり2万円の互助金で調整している。現在は1.4haが調整対象。

集落には転作組合から脱退した農家が１戸、４haで日雇い兼業、53歳、組合の会計をやっていたが、転作そのものに反対で辞める。

神原への転作割り当ては15ha、うち６haは河川敷の開田地帯でこなしている。

神原営農組合は４戸で構成。営農組合は転作とバレイショの共同作業に取り組む。

③転作組合長Ｍ１さん55歳、兼業を６年前にやめて専業化。水田の自作地12ha、小作地６ha、畑の自作地3.2ha、小作地0.8ha。バレイショ（１９９０年から）２ha、長いも（91年から）２ha、ハウス・ネギ（２００１年から）２８０坪、ニンニク（04年から）１４０坪。

営農組合長・Ｍ２さん61歳、自作地2.4ha、小作地なし、ハウス・ナス１００坪、オクラ50坪。

その他のメンバーはＡさん、63歳、自作2.4ha、小作地なし、水稲単作。Ｂさん45歳、妻40歳、自作地８ha、小作地0.9ha、ハウス・ネギ３００坪、バレイショ1.3ha。

集落の認定農業者はＭ１さんとＢさんの２名。

④営農組合は10・４haの転作を行なう。小麦3.4ha、ソバ3.0ha、ソルゴー4.0ha。その他にバレイショ6.5haをつくり、バレイショ跡にソルゴーやソバが入る。野菜の転作は個人で行なう。バレイショ跡はソバよりソルゴーが好まれる。ソルゴーはすきこみだが、10ａ５０００円の作業料金を地権者からもらう。産地確立交付金は地権者、小麦、ソバの出荷名義は営農組合、収益は機械の修理代等に充てられる。作業は時給１０００円。

転作の圃場は回さず、輪作を行なう。〈バレイショ—ソルゴー—小麦—長いも〉で開田地帯を水稲に戻すことはない。ソルゴーだけだと雑草が生えるがバレイショを掘り取ると雑草を防げる。バレイショは赤土でつくられ肌のきれいなものができる。反当20万～30万円になり水稲よりもよい。

⑤品目横断のゲタは小麦が少ないので影響はない。水稲のナラシは4ha以上は個人対応だが、4ha未満については新たに転作組合（集落）を母体とする集落営農組織での対応を考えている。ナラシに入って得なのか損なのか不明なので様子をみながら、4ha未満の農家が助けてくれというなら対応を考えるとしていたが、結論的には対応しなかったようだ。

集落営農を「営農組合」と命名したのは品目横断的対応ではなく、後継者確保を含む将来の集落営農を考えたからである。

喜良市営農組合

①金木町喜良市は明治合併村、農家戸数約300戸、14町内会があるが、「集落」とは呼ばない。農業関係は喜良市一本でやっている。中山間地域が4分の1で、そこでの区画整理は3分の1ぐらいだ。水田264ha、畑151ha。78年頃に圃場整備事業で30a区画化した。大きな農家はおらず、構成員のOさんは大きいほうだ。まとまりのよい集落である。開田はない地域で、現在の地価は反当40万円。ピークは180万～250万円までなった。小作料は区画整理済みで3俵、1俵1万1000～1万2000円として3万円強。

②11の転作組合と一つの転作組合連合会がある。転作は連合会に割り当てられる。

転作組合は1981年の水田利用再編二期対策から大豆に取り組む。その前はソバ、ヒエ、飼料作物の転作をしていた。大豆は当時の町長が先頭に立って60％補助で奨励し、農家はほとんど負担なしで大豆転作の機械を買えた。

営農組合を81年に設立した。8名でスタートしたが、1年で5名に減り、ここ10年は現在の3名で取り組む。営農組合は07年6月に農事組合法人化した。「アグリ」とかつけると株式会社化してもうけるのかと言われそうで困るので、昔の名前をつけた。

③構成員は3名。

Kさん（上畑地、49歳、農業委員、会計係）、自作地8ha、小作地3ha、本家5代目

Sさん（野崎、74歳、組合長）、自作地3ha、本家6代目

Oさん（林町、58歳、農協理事）、自作地7～8ha、小作地4.4ha、古い本家

④機械は、コンバイン1台、トラクター2台、真空播種機、中耕培土機、SS、弾丸暗渠、溝切機、畔塗機、アッパーロータリー等で、更新とアッパーを除き補助事業で導入した。

地権者が畦畔草刈りをし、その他の作業を組合が受託する。当初は委託者が最高で反当6000円の委託料を払っていたが、米価の下落や奨励金の減で10年前くらいからもらえなくなった。産地確立交付金は地権者にいき、販売収入は組合にくる。大豆を60ha弱転作しており、うち50haくらいが品目横断的政策の対象になる。大豆はコンスタントに3.5俵くらいとっている。

播種期に雇用を3人、25日くらい入れる。他に職をもつ40代で、日当は8000円。65馬力のトラ

クターに乗るので若くないとアウト。1500俵で1俵1万3000～1万4000円として1500万円程度の粗収入（計算だと2000万円くらい）。肥料・農薬に600万円程度、償却費500万円を差し引けばゼロだが、1人2000万円くらいの所得になっている。

⑤米のナラシは4ha以上の農家が個別対応。組織をつくってナラシ対応するという動きはない。高齢者は「選挙のたびに政策は変わるから深く考えなくてよい」と言う。高齢者に説明するのは難しい。中山間地域では1ha未満の人が定年後（営林署関係など）も自分の田をやりたいと固執している。喜良市も連合会としては加工米に5000円の産地確立交付金を出しているが、安易に加工米に走っても得はしない。

⑥これまでは機械作業を受託してくれれば後は自分で耕作するという者がかなりいたが、ここ5年でリタイアが出て農地は動くだろう。貸借だけでなく売却も増える見通し。法人の組合員もあと2名くらい若い人が入ってくれるとよい。

性格

五所川原市を代表するものといえる。その背景をみると、旧村単位での大規模な転作管理組織がつくられており、そこから委託を受け、旧村内から有志が集まる形で少数受託組織が形成される。すでに地域内には一定の大規模な担い手農家や中堅的な担い手農家の形成が進んでおり、その反射として前タイプのような均質的な農村構造がみられず、地域は多数の兼業・高齢零細農家とごく少数の大規模農家から構成される。

そこで前者が集まって集落営農を組織する機運は乏しいようである。なぜならすでに兼業・高齢農家はそれぞれ、例えば賃貸借や転作作業受委託で大規模経営と結びついている。彼らには集落営農の音頭をとるリーダーになる農家は乏しい。リーダーたるべき農家は大規模な認定農業者であり、彼らは個別経営的な対応を主流としているからである。

こうなると地域農業をどう支えるかは、このような大規模農家の意向にかかることになるが、彼らの意向は少数協業を組む場合と個別経営でいく場合に分かれる。前者は10 ha前後の中規模層の動きとすれば、後者は数10 haを集積している大規模経営の選択ということになろう。

そして少数協業で出発した事例も、すでにみたように実質は１戸に収れんされつつあるケースが多い。少数協業と個別経営はその意味では連続的である。

さらに問題は品目横断的対策に組織として対応するか個別経営として対応するかであり、基本的には構成員が４ haの基準をクリアし、認定農業者になっているところは、個別経営対応のようである。ただし喜良市のように法人化した場合は法人対応になる。

品目横断的政策への対応はこのように個人と組織に分かれるが、いずれの場合でも実態としての転作作業受託は協業対応している。品目横断的対策の体裁を整える形式面は個別対応、作業面は協業対応というわけである。

このタイプの中で興味深いのは神原営農組合である。神原はその立地条件からしてバレイショに取り組み、転作（ソルゴー）とバレイショの作業協同を行なっている。それも品目横断対応ではなく、あくまで後継者確保や将来の集落営農（協業集団）を考慮に入れてのことである。つまり個別経営化していくのではなく協業集団としての方向を模索しているわけである。前述の事例でいえば、実質個別経営化していくのではなく少数協業化である。

この少数協業型は東北の「集落営農」に多いパターンである。集落ぐるみの集落営農とはいえないが、地域・集落の了解のもとに組織され、地域・集落と関連しているという意味での広義の集落営農である。ただしその場合に東北一般では水稲まで取り込んだ事例が多い。それに対して転作作業のみの受託にとどまるのが五所川原の特徴である。これは北九州等にもみられる対応事例である。

（3）品目横断的政策対応型

種井集落営農組合

①五所川原市中川村大字種井で20戸。

②種井営農組合は昔からあり、転作組合のことである。高齢で稲作は大変で、麦作が多く、転作は120％こなしている。麦は反当8俵とれる。転作割り当ての過不足は反当1万5000円の互助金のやりとりで処理している。

種井集落営農組合を2006年9月に品目横断的政策対応で設立する。10戸で構成。麦の販売は同組合名義でやる。会計が面倒だ。ほんとうはしたくないが品目横断的政策でそうしろといわれてやっている。集落営農は建前で、作業は個人が行なっている。

③Tさん、70歳、自作地3.6ha。トラクター、田植機、コンバイン、乾燥機各1台をもつ。過剰投資だが、兼業で機械を買って作業を早く終え、また兼業に出る。父（明治22年生）が17歳の時から野菜の育苗に取り組む。その跡を継いで30坪4棟の施設で、野菜の育苗と花卉栽培を行なう。本人は兼業に出ており、主に父がやったが、15年前にやめた。

クリーンライス（低農薬米）に今年から取り組む。1俵200円高だ。米は農協出荷している。若い頃、農協青年部で活躍し、米穀部会長を20年、農業委員を21年やったので農協は裏切れない。農協は合併して情報連絡が遅くなり、サービスも低下した。われわれはこのままやってくれといっているが、農協は木造《きづくり》との合併を考えているようだ（その後現実になった）。

息子が農業やるならいくらでも規模拡大するが、息子は農地を売ってしまえと言う。

⑥将来は一人にまかせろと言われている。具体的には一人若い農業者がいる。39歳、自作6ha、小作1haで、妻も農業を手伝う。今はダンプに乗っているが、仕事がないのであと2年で降りるといっている。本人がやる気なら30haを任せる。今の現役は平均72歳だ。

品目横断的政策は「4町歩以下の農家殺し」ではないか。これでは農協に米が集まらなくなるのではないか。認定農業者が今の農業を壊しているようにみえる。認定農業者化するのに地域は協力しているが、彼らは資材も販売も農協外だという。

川山集落組合

①五所川原市中川村川山、藩政村、総戸数190戸、うち農家150戸、集落や農協の集まりは川山センターで行なう。農業集落でもある。認定農業者も15戸いる。5〜13haで平均7〜8ha規模だ。

②川山営農組合は150戸のうち90戸で構成し、201ha。転作配分を行なう。ブロックローテーションはしておらず個人でやる。麦が多く反当3〜4俵。割当面積の過不足は互助金10a当たり2万1000〜2万2000円で行なう。3分の1の農家が名義を借りて水稲をつくっている。

川山集落組合は品目横断的政策対応で2007年に設立した。米は金額が大きいのでとりあえず麦だけの取組みとし、経理と販売の一元化をした。経理や事務は難しいが、農協の対策室で経理一元化するという条件で取り組むことにした。素人ではできない。組合長のSさんも「私も役人をやってきたが、難しすぎて、手間がかかり、1年間かかった」。農家にハンコをもらいに行って、何のハンコか聴かれるようではアウトで、信頼関係だ、とも言う。

参加は90戸のうち半分強の54戸。全面休耕する農家が7〜8戸おり、集落組合で10haの委託を受けている。

ブロックローテーションまでいかないので、何とか個人で場所を変えてやってくれと言っている。

③Sさん、77歳、農協から市役所に移り定年まで勤めて、民間会社を経て土地改良区理事、老人クラブ会長、営農組合事務局長、集落組合の組合長。自作地0.3ha。

兄が4戸共同でやっており、その兄と一緒にやっている。収穫・乾燥は農協委託。

長男47歳、元農協職員で2006年から施設園芸に取り組む。市の所有地2haを借りて、うち1haにハウス2棟を市から借りてトマト、ナス等に取り組む。集落の話にはタッチしない。

④まだ機械はもっていない。委託を受けた10haも含めて共同でやる。常時4～5人が出てくるが、60代と70代が半々だ。

⑥若いオペ確保の見通しはほとんどない。はっきりいえば100%ない。なくても法人化する。認定農業者は技術的にみても14～15haが限度で、すでに限界にきている。そこで将来は何とかオペを確保して法人化するつもりだ。

性格

主として品目横断的政策への対応として農協等の指導・協力により急きょ組織されたもので、交付要件に合わせて販売と経理の一元化を行なったものであり、一元化については農協の強いサポートを前提としている。

実際の態様はさまざまである。対象作目は種井が米と麦、川山が麦、旭は米である（旭は事例紹介を略している）。また地域範囲も種井と旭は「むら」（集落）、川山は藩政村＝「むら」で規模も前二者より大きい。認定農業者との関係も、種井・川山は認定農業者が入らず、旭は認定農業者が支えている。

協業については、種井と旭は取り組んでいない。すなわち販売・経理一元化のみである。それに対して川山は規模も大きく、受託した田んぼ10haも含めて高齢労働力4～5人をかき集めて一応は協業をしている。その点では形式的にはＡの多数協業型に入るが、内実はやはり品目横断的政策対応にくくられるといえる。

これらはいずれも特定農業団体であり、したがって5年後の法人化をめざすことになる。その点で種井と旭は法人化の核となる農業者の目途をつけている。とくに旭は現にリーダーを務める認定農業者がおり、その仲間の認定農業者もいるので、16戸のメンバーとの折り合いがつけば、少数協業型組織の法人化が可能だろう。農協がこれらの地域に注目したのは、このような法人化への将来性を見越してのことだろう（２０１１年現在、法人化はしていない）。

それに対して川山は現在のところ協業している地域範囲も広いが、協業を支えるのは高齢農業者であり、その後の目途がついていないという。かつ認定農業者は組織外に複数いるが、彼らもすでに手一杯であり、組織を支えられる状況にないという。特定農業団体まではいったけれども……という色彩が濃い。

3　規模拡大経営の実態

はじめに

農家調査は、農林水産課に農地購入の多い農家の選定を依頼し、旧五所川原市、旧金木町各5戸のヒアリングを行なった。対象農家の一覧は図表5－5のとおりで、経営規模は40ha以上4戸、20～30ha台4戸、10ha未満2戸である。

まず10戸のプロフィールを紹介し、そのうえで当事者や農地市場について若干の考察を行なう。プロフィールは、①家族構成・農業労働力、②経営展開、③農地購入、④農地借入、⑤作業受託、⑥作付け・加工・販売、⑦転作対応、⑧経営の展開・継承、⑨政策対応、⑩その他の項目に分けて行なう。調査は③がメインテーマだったが、紙幅の都合上、最近年の事例紹介にとどめる。

（1）40ha以上経営

A（金木町嘉瀬村中柏木）――米穀店兼営の経営

①世帯主とあとつぎの二世代夫婦が経営従事。嫁は経理事務を手伝う。長女も札幌の会社を辞めて経営従事。長男には月給35万円、嫁には8万円を払う。妻は20万円。

雇用者は3名（30～65歳）で古い人は20年になる。3～10月の季節雇用で日給7000円。独立の意思はなく、米穀店も手伝う。事務員として他に1名雇用。米穀店も含めて計9名が経営従事。

②米穀店を曾祖父の時代（1948年）から営む（当時は0.8ha）。本人は東京オリンピックの頃（64年）から作業受託を行ない、経営継承は94年、46歳の時で、面積は3ha程度。85年頃から仲間の農家と大豆転作集団をつくり25haやり、90年から規模拡大を開始。

米穀店は1万7000俵を集荷する金木町最大の業者である（農協は2万5000俵）。うち

図表 5-5　調査経営の概況

農家	所在	家族労働力	雇用	自作地	小作地	経営地	作業受託	法人化
A	金木町嘉瀬	主 62、妻 59、あ 33、嫁 35、長女 28	65、51、30	26.0	24.0	50.0	秋作業 30.0	
B	五所川原一野坪	主 59、妻 57、あ 35、嫁 32、次男 32	35、35	24.0	23.0	47.0	大豆転作 33.0	○
C	金木町川倉	主 57、妻 51、あ 32、嫁 30	臨時	25.0	20.0	45.0	営農組合で大豆転作 30.0	一部
D	五所川原沢部	妻 38、夫 38、父 74、母 70（妹 37）	臨時	33.0	7.0	40.0	稲刈り 10.0	一部
E	五所川原鶴が岡	主 46、妻 38、父 72、母 70	臨時 100 人日	10.0	22.0	32.0	全面受託 2.0、田植え 1.7、収穫 8.0	
F	五所川原毘沙門	主 59、妻 57、あ 32、嫁 31	臨時	20.0	10.0	30.0	やらない	○
G	金木町芦野	主 56、妻 51	臨時 170 人日	12.0	13.0	25.0	やらない	
H	五所川原姥萢	主 62、妻 58、長女 36、次女 34	臨時 100 人日	11.0	10.0	21.0	水稲収穫 6.0	○
I	金木町嘉瀬	主 49	臨時 90 人日	4.0	6.5	10.5	やらない	
J	五所川原田川	主 48、妻 49	臨時 25 人日	6.4	−	6.4	やらない	

注：家族労働力、雇用の数字は年齢、自作地以下の数字は ha。「あ」はあとつぎ。

4000俵は減反未達成者15戸からである。販売は全集連8割、県内卸2割だが、東京方面からも引きがある。税申告上の所得は米穀部門のほうが多い。

弘前市の卸問屋から農協より10％は安く資材を購入し、85戸に販売。農協より安いがコメリよりは高いという。
③2009年、2件、190a購入。1件115aは集落内の非親戚が住宅ローンの支払いのため銀行のあっせんで売却。相手はトータル500万円必要で10a35万円。1件75aは世帯主の死亡で耕作できなくなった集落内の非親戚から知人を介して31万円（相場）で。
2002年から毎年購入。やる気があれば毎年購入できる。面積拡大にならないので、なるべく小作していない土地を買うようにしているが、小作地を買ってくれという話もあり、臨機応変に対応している。黙っていても購入は増えるとしている。
④旧五所川原市内が70aのほかは全て旧金木町内、地主は17～18名で、大きい人で5ha。小作料は3俵、10年だと責任がもてない。
⑤春作業3ha、秋作業30ha。乾燥調製を7000～8000俵やっており、それで精米工場を回してきた。
⑥水稲50ha作付け。生産した米、作業受託した米を精米加工・販売している。
⑦牧草転作3haを契約している。生産調整は加工米で対応。2009年で1俵7200円で、米屋としては減反するより米を売ったほうがよい。国も減反政策はしないで加工米にして付加価値をつけ

るべき。米でつくったベトナムの春巻や素麺は人気がある。

⑧法人化については税金や雇用保険の問題もあり、未定。規模拡大の理由として、後継者がいる、そこそこ面積がないと雇用できない、5年もたつと離農者が続出するが、われわれががんばれば田園風景が荒廃しないで残る、をあげる。

規模拡大の目標は嘉瀬村600haの10%、60haだ。当家の次は20ha規模なので、10戸では村の面積はカバーできない。条件の悪い田から荒廃するかもしれない。規模拡大は作業受託、借地、購入、臨機応変でいく。米穀店は縮小の時代か。自分でつくった米を自分で売るのが基本。

⑨戸別所得補償には加入。加工米も位置づけられた。土地改良の償還金が高く、共済組合も半強制的だとしており、農協にも批判的で、交付金も農家に直接くるようになったことを評価。

B（松島村大字一野坪の前萢《まえやち》集落）――集団転作受託の法人経営

①世帯主夫婦、長男夫婦、次男が農業従事。次男は高校の臨時講師をしていたが、2010年から経営に入る。購入水田2.2haの名義を渡す。その妻は保母（保育士）。

雇用は30代の正社員2名、月給は18万円前後。ボーナスは景気次第。将来のことを考えて退職金を積み立てている。昨年の雇用者は、探していたところに電話があり採用。高校を出て内装の仕事をしていた。7人体制で、忙しい時は足りないが、年間ではちょうどよい。

②分家筋の農家で本人は3代目。1998年に有限会社「豊心ファーム」を設立。長男が卒業し、

「勤めろ」と言ったのに農業をやると言うので、それなら彼の同期がみんなサラリーマンだから農家の環境とは違うサラリーマン並みの法人にしよう、というのが法人化の理由。「豊心」は米価が下がり農家の元気がないが、心は豊かにという含意。

父が85年に死亡した頃は自作地４ha程度だったが、一野坪でも作業受委託が増えだし、仲間と作業場をつくり受託開始。94年頃から、当家が汎用コンバインをもっているので転作組合からの受託が増えてきた。大豆は06年からが多く、小麦の連作障害による。ここ４年は受託から借地に切りかえているが、借地は作業委託からの移行よりも新たなものが多い。経営安定のためには自作地のほうがよいが、借地も断れない。借地や受託はお客様次第で安定性がない。幸い解約はないが。

③２０１０年２件で４００ａの購入。１件は中泊町の親戚からで、クルマで20分かかる。もう１件は土地改良区への未納のため競売にかけられた土地で、入札は２名、私が資金を貸す形で次男が購入。10ａ43万～55万円で最高値。

④地主は20数人で１人１ha平均だが、２～３haの大きな人が増える傾向にある。ある程度まとまっているほ場が増える。遠くても借りることにしているが、ほぼ周辺部に固まる。期間は長くても６年。

借地は06年から倍に増えている。全般的に借地が増える傾向だ。当家の借地が増えるのは後継者がいるから。小作料は2.5俵で、水利費等が地主持ちなので高いとはいえない。現金で手渡しして喜ばれている。

⑤水稲の収穫作業25～27ha、大豆の収穫・乾燥・調製が33ha。受託側（当家）が10a当たり1万～1万5000円の作業料金と品目横断的政策の品質向上（黄ゲタ）分、販売権をもらい、委託側は産地確立交付金と品目横断的政策の過去実績（緑ゲタ）分を受け取る。

2009年は50数haあったが、政権交代による政策変更で転作の交付金が3万5000円に下がったために、作業料金は出せないということで個人の委託分が減った。減った分は畑作には適さないところなので経営的に大きな影響はなかったが、政策変更は困る。激変緩和措置1万2000円が追加になり、元の50数haまでは戻るだろう。7つの集落転作組合からの受託は継続している。大豆の乾燥調製のみが300俵。小麦の収穫が75ha、乾燥が2000俵。

⑥水稲33ha、つがるロマン6割、まっしぐら4割。農協15％、10年ほど続いている老人ホーム7％のほかは県内の卸売業者に販売。農協売り1万5000円に対して1万2800円で割がよい。資材購入は農協20％。

⑦自作・小作地の転作が18haで大豆12ha、小麦6ha。

⑧水稲100ha、大豆100ha、小麦100haが目標で大豆・麦はほぼ達成したが、水稲のハードルは高い。購入、借入、作業受託、転作受託いずれでも拡大したいが、自分としては借入でいきたい（前述とは食い違う）。子どもたちが穀物検査員の資格をもち、小麦の系統出荷でない人は、ウチに検査依頼し、ウチが運送屋に頼んで業者の倉庫に搬入している。

米販売は玄米までで白米まではやらない。施設と人件費、クレーム処理のコストがかかるので。経営は分割すると装備の投資がかかるので兄弟で継承してほしい。

⑨品目横断的政策、戸別所得補償とも加入した。今まで転作していない人は入らないだろうが、大きな規模ではない。米価については、戸別所得補償の1万5000円をもらうと、業者は「何ぼか下げてもいいのではないか」と言ってくるので徐々に下がるだろう。一回下がると政策が変更になっても戻らない。

戸別所得補償しても土地改良予算を削減すれば結局はカネがかかるようになる。認定農業者の位置づけがなく担い手育成がストップする。自給率向上には担い手育成を明確にすべき（調査後に2010年度の農林水産祭の個人の部の天皇杯受賞）。

C経営（金木町川倉の七夕野集落）――開拓地におけるトマト別法人の経営

①川倉は200戸で水田150ha、畑100ha、七夕野は40戸、うち農業をしているのは3戸。戦後引揚者の開拓集落で現在は大方が離農。川倉には認定農業者が10名いるが、みんな手一杯で規模拡大の競争はない。まず隣の人に声をかけ、だめだと当家に来る。

①二世代夫婦が農業従事。4～10月の半年間、女性6名を雇用する。時給700円。

②父は満蒙開拓から1946年に引き揚げ、水田1haをもち川倉開拓に地元増反で採草地3haを分与された。畑に開墾して菜種を栽培した。80年に世代交代し、畑を開田して4haにした。85年にトマトのハウス栽培を入れた。米では収入にならず、みんな手間取りに出たが、自分はトマトを選んだ。

トマト部門は92年から雇用を入れたので94年に法人化した。米は個人経営で青色申告している。制度当初から家族経営協定を結んでいる。トマトを始めた頃から借地も増えだした。86年に営農組合5人で補助事業でライスセンターを建設したが、2名は亡くなり3名で継続している。

③2010年2件で168aの購入。1件は集落内の非親戚から、当家の近くで競争しても買う田で、45万~50万円。金木町では土地改良の償還金の繰り上げ償還はできず、買い手が継承する（2万円程度）。

ほとんど毎年購入しており、借金は4000万円（機械を含めて7000万円）以上になるが、6000万~7000万円の売上げがあるので大丈夫だ。大きなところは2カ所で、ある程度まとまっている。はじめから分散的なので慣れた。

④20 haのうち5 haは中泊町だが、機械をクルマで運んで10分だ。地権者は20名で平均1 ha。期間は5年が多い。10年もあるが、10年はこちらが困る。小作料はほぼ3俵、よいところで3.5俵。借地のうち半分は買わざるをえないだろう。

⑤川倉第一営農組合を3名（トマトに取り組む8 ha、10 ha農家）でやっており、大豆転作作業30 ha、麦刈り3 haを受託。メンバーが3名に減ってかえって仲がよくなった。

⑥水稲30 ha、前は小売もしたが体が持たなくて今は農協出荷。トマトは39 aに3000坪のハウス。出荷は6月末~10月一杯で稲刈りと重なる。農協出荷で野菜部会300名。

⑦飼料作物7 haは畜産農家と契約し、こちらが収穫したものをあちらが集める。大豆転作15 haは

個人で取り組む。

⑧水田50 ha、うち転作25 haが限界、購入・借入・受託いずれもやるが、今は受託が中心。トマトは妻の希望であり、しんどいと言いつつ、重いものがないので年配者ががんばっている。トマトの加工販売は嫁が段取りしている。60歳で長男に経営移譲の予定。長男の代には法人化して雇用を入れるのではないか。営農組合も継続する。

⑨品目横断、戸別所得補償とともに参加した。いつまでも続くわけではなかろうが、もらえるものはもらっておく。米価さえキチンとしていれば小細工はする必要はないのだが。担い手育成はキチンとすべきだが、我々だけで地域全体を守れるわけではない。70代、80代でも長く農業はできるので見捨てるのはよくない。農地保有合理化事業はよい制度なので続けてほしい。資材は農協はいっさい使わない。

D（金木町沢部）――女性経営主による米販売兼営の経営

①経営主（女性）夫婦、妹も農業従事。父母が手伝い。青色申告で、専従者給与はこれまで夫、母、妹各25万円。現在は母が年金をもらい15万円に、夫が35万円で家計費負担。

常雇は入れていない。臨時は春作業１５０人日、秋作業50人日。トラクター作業は夫と臨時２名、田植えは経営主と補助の女性３人、苗運びは男３人がやる。

②経営主は１９９２年に学卒就農、父は継いでくれるものと思い込んでおり、洗脳されてきたので

逃げられなかった。93年の平成米騒動時に父が米の販売を開始。2001年に経営移譲される。結婚時に家族経営協定を結ぶ。独身時代から経理を担当しており、経営移譲が結婚後だとしても、本人が経営主になっただろうという。02年に米販売部門の有限会社を設立、父が代表になる。

③農地保有合理化事業を通じてほぼ毎年購入している。小作地を買ってくれというのが6割、新規の購入が4割。小作地の購入は長年つくって土の状態がわかっているのでよい。面積拡大よりも小作地の自作地化が当家の方針。声をかけられるのは父だが、父が決めるわけではなく、みんなで相談するが、買わざるを得ない状況だ。

2010年3件で148aの購入。1件は近所の親戚で高齢化、1件は元からの小作地、もう1件は町内の親戚で母だけになった。他の人が小作しており、そこに売ろうとしたがダメで当家が買う。この親戚2件はウチもがんばって50万円、残り1件は元からの小作地だったり、家の近くで道路沿いで条件がよいので40万円。

④地権者は10名程度で、大きいのも小さいのもある。沢部内が半分、残りも金木町内。小作料は米3俵、3万円。2万円程度まで下げてほしい。期間は以前は10年だったが、ここ1、2年は5年以下だ。貸し手はほとんど農地を引き取ってほしい人だ。

⑤田植え少しと秋作業10ha。

⑥全面水稲作付け。つがるロマン25ha、加工米（もち米）15ha、まっしぐら5ha、あきたこまち50a。スーパーへの販売は値段の高いつがるロマンだけというわけにはいかない。

米の農協外への販売は１９９３年にローカルスーパーの惣菜用の米の取引から開始。スーパー売りは精米袋詰めして1俵当たりで1万５０００円、２００6年調査時はスーパー売り6～7割だったが、最近は50％を切っている。最近は玄米を需要する県内業者からの引きが多く、新潟の業者との取引もあり、これが20～30％。つがるロマンの1等米で年平均1万２５００円。地元の個人、県内の弁当屋、下宿屋、老人ホームも増えて20～30％。他人の米を進んで仕入れることはしない。乾燥調製を委託する人や小規模農家で生産調整に参加していない人のは引き受ける。

⑦転作対応として加工米15 haに取り組む。もち米だと収量があがらず面積を食うが、業者も菓子の原料、粉用としてもち米を需要している。

就農して3年は麦をつくったが、それ以降は全面水稲を作付けていた。しかし農地購入のためのスーパーL資金の借入には生産調整への参加が要件になるので、２００2～05年は金木町の転作組合に調整金を支払って転作を肩代わりしてもらい、06年からは加工米対応が一般化したので、当家もそれにならっている。

⑧機械もよくなるので家族で50 ha以上はいけるが、それを越えると常雇を入れることになる。しかし通年できてもらうだけの仕事がない。ハウスをやればよいが、それではどっちも粗末になる。いずれにしても現在は中途半端。本人が代表となって法人化の予定。

販売は今のところ自作分を中心にしていく。自分で生産したものでないと食味が気になる。養豚業者と籾殻と堆肥の交換をしている。高齢化していて継続が心配だが、堆肥製造会社から声がかかっている。精米した米ぬかを堆肥に混ぜている。農薬もほとんど使っていないが、減農薬の登録はしていない。地元スーパーへの小売りに集中するのは危険だが、大手スーパーとの取引にはロットが小さい。生協との取引はしていないが検討したい。個人直売は、道路に面しているので、ショーケースに並べて一カ月10～20俵売っている。宅配は10軒程度で経営主と妹が片手間にやっている。

⑨品目横断は麦・大豆をつくっていないので参加しなかった。戸別所得補償には参加した。加工米は安いし悩んだが、農地の購入を考えると、あっせんとスーパーL資金を得るためには協力せざるを得ない。本音は目一杯米をつくりながらスーパーL資金も使えるようにしてほしい。父の代には基本は変わらなかったが、私の代には新しいことが次々出てくる。

生産調整非協力ということで行政が組織する女性活動等には参加しておらず、生産調整を全ての要件にすることのマイナス面がいろんな面で現われているが、本人はそれを克服してきた。

(2) 20ha、30ha経営

E経営（三好村鶴が岡）――中年Uターン者の農業経営

①世帯主夫婦と父母の4人。臨時雇を100人日。育苗、田植え、草刈りに入れる。

②経営主は千葉県で大型トラックの自営業をしていたが、排ガス規制の強化と親の老齢で7年前にUターンする。父は元農協理事。当時は自作2ha、小作5ha。税申告をみて愕然とした。米価が3000円も下がり、これでは食っていけない。父は出稼ぎしていたが、出稼ぎはしたくないと思い

規模拡大を開始。周囲の農家が離農するので拝まれて拡大する。予定よりも速いスピードで拡大しており、体はついていくが機械がついていかない。

③2009年3件で335aの購入。2件は集落内、1件は集落外で、ともに非親戚。1件は同級生（市役所勤務）の父、農協で会って直接の話し合い、1件は父の知人が仲介、田隣り、負債と病気が原因。1件は同級生の母、他に貸していた田だが、荒れていくので貸したくないと思っていた矢先に、父が草刈りしていて立ち話で決まる。土地については父の顔が利く。10a30万～35万円。

三好村鶴が岡には認定農業者同士の競争はない。ウチに来るのは減反していない人に貸していたケースが多い。それだと国が融資しないので、資金的に買い取れなくてウチに来る。担い手同士で田隣りを借りていて、「作り交換の話し合いができたらいいね」と話しているが、40代の後継者は父に頭を押さえられていて前向きの話ができない。農協青年部では機械の話はしても土地の話にはならない。三好の大豆転作は先進的だったが、もめて共同はいやだとなったようだ。青年部の話し合いでまとまってできるのではないかと思う。昔から農業している人は米価がよい時代を知っているので今の農業に魅力を感じないが、自分たちは米が安くなってから始めた。

④100枚以上になるが、集落内で分散はしていない。はじめに5ha増え、また5ha、5haと増えている。米価との関係で動くが、今年は戸別所得補償の関係で、高齢者も「もう一年がんばるか」で動かない。2009年は6.5ha増えた。2ha規模の農家が機械的に回らなくて全面積貸しに出した。小作料は古い契約は3.5俵もあるが、水利費を当家持ちで1万円がメイン。この形は地域にはないが、

水利費が高いのでこの形にした。期間は5年、相手も年取っているので10年は長すぎる。地域内は断らない方針。そのうち自分の田とくっつくだろう。地区外に出る気はない。

⑤全面受託（やみ小作）を3人から2ha。農業委員会を通したくない、通すと取られてしまうと思う人たちで、いずれ売りたいのではないか。田植え1.7ha、収穫を農協を通じて8ha。これも自分は借りたいが、売買になるのではないか。

⑥水稲20ha、ホールクロップサイレージ（WCS）5ha、今年から加工米を飼料米に切り替えて5.5ha。秋作業が終わってから来年は借りてくれと言ってくるので、麦はつくれないので水稲で対応する。直売は考えず農協売りで1俵1万1100円。WCSは10戸の生産組合で28haで繁殖牛農家と契約。8万円の交付金で少し黒字になるが、いつまでもつのか不安だ。飼料米はトキワ養鶏と契約。トキワは240ha分を集めている。10a2万5000円の販売収入になるが米並みにはならない。

⑦三好の転作組合から脱退して自分たちでWCS転作組合をつくり耕畜連携。

⑧自作地を20haまで拡大したい。子どもがいないので退職金代わりにしたい。達成は可能だ。心配なのは今つくっている田を売りたいという話で、それでは規模拡大にならない（Dと逆の考え）。しかしここ数年でバタバタとやめるのではないか。5haぐらいならいいが、10haもつくるのはきつい。同級生は田に魅力を感じておらず、貸してもカネにならないということで、売って現金を手にしたいようだ。

50haを目標にして法人化し、雇用を1人入れたい。今は販売は手が回らないが、雇用を入れると冬場の現金収入が問題になる。2年後が目標。三好では集落営農はないが、今元気な年寄りがやがてリタイアすると現実的になり、地域横断的にまとまる可能性もある。

⑨品目横断、戸別補償には参加。個別補償の10a1万5000円は微妙な数字で、それを米卸が値下げの材料に使うと恒常的な赤字になってしまうが、米より麦・大豆を手当てしたほうがいいのではないか。米価1万3000円が5年、10年続くならよいが。我々は政策を前提として投資を行なうが、先が見えない。父が理事だったので資材は農協を通じており、秋までの運転資金がショートするので運転資金を農協から借りている。調査会場には夫婦で来場してくださった。

F経営（嘉瀬村大字毘沙門の東久保集落）――輪菊栽培の法人経営

①世帯主夫婦と長男。長男は隣の家に住む。嫁は看護士。次男（30歳）は同じ家に住むが畜産の別経営。雇用はパートの女性を入れる程度。

②本人は24歳で経営を任される。当時は2ha経営。自分の力で拡大してきた。2003年には有限会社「北斗ファーム」を設立。長男が就農、規模拡大には信用力が必要。次男は北斗ファームを手伝っていたが、昨年から繁殖牛15頭を入れて独立。土地はもたない。

③2010年2件で310a購入。170aは遠い親戚が高齢化と負債整理で。近くに当家の田がある。33万円。140aは以前に購入した相手がもう一カ所持ってくれと言ってきた。45万円で高い

が昔も買ったので。このように相手の言い値で買うのが多い。合理化事業を使おうと思ったが、準備金の積立てがあるはずと言われた。それは次男の牛の購入に融通してしまったのでスーパーL資金は使えず、農協から借入。

売り手は、土地改良の償還金を2〜3年払えず延滞金がたまると払えなくなり、田を売っても間に合わなくなる。

④10haを7人から借入。つがる市からは2.7ha借入。クルマで20分。小作料は3俵、少し高いが知り合いなのでウチの経済が回ればよいかな。期間は10年が多い。売却の可能性は出てくるので心で準備している。

⑤作業受託は要望はあるが、手一杯でやっていない。

⑥水稲22ha、全てまっしぐら。農協販売。直売の気持ちもあるが、なかなか大変。

⑦輪菊1.4haの転作、10年前から始める。花卉部会のメンバーは23名。葬式用の花で下降気味だ。11・6haは自分で大豆転作。麦も入れて輪作したいが、菊の播種とぶつかる。小さな転作組合があり、そこから転作受託20ha。収穫物は作り手がもらい、産地確立交付金は地権者、その他の交付金はこちらにくる。転作受託の作業料金は昨年は1万5000円だったが、2010年に転作奨励金が下がったので1万円に下げる。自分たちが損したが、来年は変わるだろう。

⑧後継者は長男。次男は牛をやりつつ協力してほしいが、両方とも家庭があるから無理かもしれない。牛は次男の希望でもあり、また農場を手伝うだけでは将来性がないと父（本人）も勧めた。規模

拡大したい。１００haやらないとダメだと言われた。作業受託は好まない。借入、購入、転作受託で拡大したい。

⑨政策には参加。価格安定が一番だ。２０００俵以上になると１０００円下がっても２００万円の減収で機械１台分が飛んでしまう。

G経営（金木町川倉の芦野）――出稼ぎで農地購入

①夫婦で経営している。長女は東京の女子大に在学中。

②経営移譲を15年以上前にされる。40歳前だった。当時は自作地４haだった。ずっと出稼ぎしていたが、４年前に父が死亡してやめる。出稼ぎは11～３月で関東をはじめいろんなところに行った。最後の頃で日給は１万５０００～１万６０００円で月40万円にはなった。忙しいので遊べず40万円仕送りした。現在行っている人は１万２０００円ぐらいに下がっている。町内の仲間と、向こうで大きくやっている町内出身者のところに行った。規模拡大は45歳（11年前）あたりから。借りてくれという人も最後は買ってもらうつもりのようだ。育苗ハウスでトマトを３～４年やったが人手がかかり、水稲一本になる。

③最も拡大したのは47～50歳（９～６年前）で10ａ70万～80万円の高いときだった。ほぼ毎年購入してきた。芦野では購入するのは当家だけだ。川倉には同級生のＣさんがいるが、２人は冬にはよく飲んで話している。

２０１０年１件で60ａの購入。集落内の親戚で高齢者。50万円で相場だ。

④12～13人から借りる。中泊町から６ha。母が中泊の出身で、米づくりの仲間が冬に集まって飲んでいるときに情報を得た。農機を車に積んで20分だ。モデル事業で１００ａ区画になっている。小作料は3.5俵、貸すほうも土地改良の償還金２万円を払うと１俵残るかどうかで「両方とも切ない」。２０１０年は2.7万～2.8万円で若干安くなる。期間は５年で、10年は長すぎる。制度が変わるので損してまでつくれない。ゆくゆくはひきとってくれというケースが多い。

⑤作業受託は手一杯でやっていない。

⑥水稲17ha強、転作は加工米で対応してきた。麦もやってみたが、この辺は適していない。今年は米粉用にした。水稲はつがるロマン1.5ha（おいしいので自家と親戚用）のほかは全てつくりやすいまっしぐら。全量農協出荷。資材も農協だが、業者やコメリの方が10％は安い。農協そのものがまとまっていないので大量仕入れができずチェーン店に負けている。業者は秋払いでいいということもあり、厳しくなるほどみんなそっちにいく。しかし、いろんな世話になっており、助成金等の窓口でもあるので農協を利用。

⑦この辺は山背が吹いて霧雨で麦が黒くなりダメ。芦野にも転作組合があり、小さな農家が15戸程度で大豆転作しているが、自分は機械がないのでやらない。機械を買えば大きな格納庫がいる。

⑧後継者については心配していない。法人化して農業が好きな人をみつけてその人にやらせたい。そのためにも規模拡大が必要。娘も農業がきらいでないが、自分の夢もあろう。

30haまでは拡大したい。売る人がいれば買うほうがいい。3.5俵出すよりも30万円で買ったほうが得だ。戸別所得補償がこれからもくるなら買ったほうがよい。

前述のＣさんもダメならオレがつくってやると言っている。大規模農家同士で助けていける。中泊にも70～80ha経営してネット販売している農家がいる。

⑨政策には参加しているが、戸別所得補償の1.5万円より、米を政府が１万３０００円で全部買い上げて、そこから主食用、米粉、飼料用などに振り分ければよい。大きくつくっていると目一杯で、世の中がおかしくなるとコロッと倒れてしまう。

Ｈ経営（姥萢村の船橋集落）――米直売の経営

①夫婦と独身の娘２人で経営、２００９年に長女に経営移譲。パートを苗代40人日、田植え40人日、秋作業60人日程度。

②農地改革後は50ａ経営だった。20年前から規模拡大をめざし知人を介して農地購入。１９８３年に法人化。夫婦二人でやっているが、いずれ娘も法人に加える。開田が８haあり、転作で水田に戻らなくなった。２haはイチゴ栽培だが、６haは荒れている。交互に入れ替えて使っている。

③５年前までは毎年のように買っていた。

２０１０年１件で85ａの購入。隣村の知らない人から。知人の仲介。負債整理。安く値切ると田は集まらない。言い値で買う必要がある。スーパーＬ資金を使う。農協を通じたが、農協が入ると政治が絡むし、手続きが遅れる。元の農業委員会のほうがよかった。35万円は採算取れる。

④利用権10ha、相手は5人で、集落外で5kmほど離れている。小作料は2.5俵、期間は3年、5年。売るかどうかは不明だし、こちらもその時の金回り次第だ。やみ小作4haで相手は2人、隣集落の昔の人でとられるのでないかと心配、それぞれの事情もある。2.5俵。

⑤水稲の収穫を6ha受託、転作大豆は刈り取ってもらう。

⑥やみ小作も含めて水稲21ha。販売は農協41%、地元業者34%、やみ業者19%、青森の知り合いへの個人販売6%。農協は現状程度にして、個人も業者も伸ばしたい。

⑦以前はイチゴ作のところに麦を6年つくっていたが連作障害で畑にして転作をやめた。生産調整は地元の転作組合に10a2万円払って肩代わりを依頼。今年は加工米で対応。大豆90aをつくる。

⑧後継者は長女、次女で、今は手伝っているが、気が変わるかもしれない。その時は親戚の若い者を入れたい。購入、借入、受託の三本立てでいきたい。希望としては購入、借入、受託の順だが、可能性は受託、借入、購入の順だ。借りて2.5俵払うよりも30万~40万円なら買ったほうがよい。現実には高齢化で機械が壊れると貸すようになる。作業受託が短期にいちばん利益を上げられる。当面は自作地を3haプラスして自作地15ha、小作地15haにしたい。

⑨戸別所得補償には加入した。しかしあまり好きではない。それよりも米価を上げてくれ。農協は1万1500円、業者は1万1700円だが、1万3000~1万4000円ほしい。飼料米に8万円も出して大豆3万5000円はおかしい。1俵、2俵とっただけでも8万円はおかしい。収穫に対

して交付すべきだ。

（3）10ha以下の経営

Ｉ経営（金木町嘉瀬村の畑中集落）――出稼ぎから規模拡大へ

①独身の世帯主と父母。春作業50人日、夏10人日、秋30人日の臨時を入れる。

②5年前まで出稼ぎに出ていたが、父が年取ったので出稼ぎをやめて田を増やした。ほとんどが関東方面だが、北海道のトンネル工事にも行った。日給は1万8000～2万円で年間600万円の仕送りをした。今だと1万5000円もとれず農業のほうがよい。田植えの時だけ帰った。7～9年前から出稼ぎもなくなった。父の代は自作1.3haに2ha借りてやっていた。

出稼ぎ中の6～7年前に隣の息子が借金して手放した田70aを10a50万円で購入した。バイパスの隣で基盤整備済みの田。出稼ぎのカネで買った。20年前は100万円した。

③2010年1件で67aの購入。隣村の親戚、田隣り、高齢化、未整備田で水の便が悪く転作はできない。10a20万円ほしいと言われたが、相場は15万円なので16万円にする。

④地主は5人、他集落の未整備田が多い。整備田は3俵、未整備田は2俵。期間は3年と5年。10年は相手がウンと言わない。やみ小作が2.5ha、3人、集落内と外がある。2人は親戚。未整備田。後発経営で条件の悪い農地を集積せざるを得ない。ほとんどが買い取ってくれという希望。仕事がないのでつくれるなら買う。

⑥つがるロマン8割、まっしぐら2割。出荷、資材ともに農協。

⑦集団転作にかかれば転作する。2010年は2haの転作になり大豆をやる。基盤整備の水田は半分しかなく、未整備田は大豆がとれないので水稲をつくってもよいことになっている。嘉瀬の営農組合で取り組み、自分は草取りに出る程度で10a5万〜5万5000円くれるが、米をつくったほうが得だ。反対の人は加工米を出しているが、自分としては大豆をつくってカネをもらったほうがよい。

⑧だいたい今の10ha規模でいく。あまりつくっても体がもたない。増やしてもあと2haだ。基盤整備田なら20haはつくれるが、人手を食う。つくれなくなったら、まず借りているのを返し、自分の田も貸すか売るかだ。仲間で集団でやれればいいが、できないと思う。

⑨政策には参加。心配なのは米価の下落。転作しないで水稲をつくるということで、みんな飼料米や米粉も考えている。農協はわからなければわかるまで教えてくれ、親切にしてくれる。

J経営（田川村の藪里集落）――女性が加工等に取り組む経営

①長男は郵便局勤務で農業の手伝いはする。次男は青森の大学生、長男以上に農業は手伝う。今年からシルバー人材銀行に頼んで、春作業に25人日入れる。

②父母は早く亡くなり、経営主は3年前まで他町通勤の兼業サラリーマン。45歳で夜勤はきつくなり早期退職した。妻も同じ会社に勤めていたが、子育てのために25年前にやめて野菜づくり。夫が退職した年から米粉に取り組む。

③２０１０年１件で１４０ａ、集落外、親戚、両親が死亡しひとりになって離農。40万円で相場よりちょっと高い。こっちの言い値で買う。
④賃借はしていない。２００９年に40ａほど借りて一作したが、訳ありで返した。
⑤作業受託もない。
⑥28ａのつくねいもの転作を除き水稲作付け。紫黒米30ａ、もち28ａのほかはうるち米。出荷先は、紫黒米は２５０ｇ、５００ｇ、１kgで直売所、イトーヨーカドー、地元スーパーで販売。うるち米は近場の業者売り、２００~３００円高。うるちももちも粉にして1.5kgの袋詰めで販売。資材は農協から購入し関係はよい。

妻は近所の親戚の女性に習って野菜栽培を始める。春菊、コネギ、小松菜等に取り組み、ハウス栽培に進む。１６０坪、４棟のハウスでキュウリ、ナス、トマト。露地物のトウモロコシ、カボチャにも取り組み、カボチャでケーキ、プリンをつくり、直売所で販売。

紫黒米（黒石の県試験場が２００９年に開発した品種、皮は黒く、精米は薄紫、ポリフェノールが多いとされる）を「妙力米」として商標登録してネット販売もする。

２０１０年に製粉機を導入して米粉をつくり、お菓子、ケーキ、「ひとみ餅」（一晩寝かしてアンコを入れて蒸し焼きにする。おやつ代わりの郷土料理）をつくり、教育委員会の「おらほの田舎スイーツコンテスト」でグランプリを受賞。

青森21世紀産業支援センターが商品化の指導をしてくれる。市の産業振興課の勧めでセミナーに参加し、ラベルの勉強をしている時にイトーヨーカドーの店長の目にとまり、2年半かけて勉強・交渉の結果、置いてもらえるようになった。

⑦転作は、紫黒米の選別機や加工場建設の資金や学費でカネがかかるのでしていない。米粉は転作になるはずだが、実需者との契約が必要で、自分で加工販売するのは（自分が実需者になるのは）認められないという。落ち着いたらつくねいもで転作拡大する予定。

⑧とりあえず10 haをめざす。加工販売の事業もあるので10 haで押さえて、つくねいもとハウスを増やして生産調整にも対応する。加工も増やして六次産業化を図る。ハウスを建てるので拡大は所有権で行きたい。ハウスは水田のほうがやりやすい。2、3年後には法人化して社会的信用をつけたい。後継者は不明だが、長男、次男とも経営参加してほしい。

⑨米粉の自家加工が転作に認められないのはおかしい。生産調整していないということで、妻は活躍しながらも市の女性組織にも誘われない。孤軍奮闘だが、県の産業支援センターとその仲間は頼りになる。調査会場には夫婦で来場してくださった。

（4）農地の売却層と購入層

売却層の形成

売却層の形成はすでに本章1から推測できる。売却の理由は、農業労働力の高齢化・後継者の欠如、負債、土地改良償還金の滞納の3つにほぼ絞られる。負債には住宅ローン、サラ金、農業上の不振等の理由がある。

しかしこのうち高齢化は五所川原市に限ったことではなく、日本の農家に普遍的な状況であり、かつ高齢化が直に農地流動化やとりわけ売却につながるわけではない。それは高齢化の形と環境条件による。五所川原市の特徴は一人世帯、二人世帯の割合が3分の1に達するほど多い点である。東北の農家は三世代世帯の多さをもって特徴づけられたが、そのような「いえ」はこの遠隔地にあっては広範に崩れてきている。

しかしそれは西日本には普遍的な形でもあり、それが五所川原にも現われたということだろう。ではなぜ五所川原の場合、高齢化が流動化・売買につながるのか。

ひとつには高齢化農業の受け皿が集落営農といった形で地域にないことである。集落営農がなくても個別の受け手がいるなら、貸して幾ばくかの老後の足しにするという選択が合理的だといえよう。そうすると農地売却の最終的な理由として残るのは負債整理なかんずく土地改良の償還金延滞ということになる。

本州の北端に位置する当地では、地元労働市場も開けず、子弟の多くが他出し、残された高齢者は二人世帯、一人世帯に追い込まれる。この点が同じ高齢化といっても、労働市場が開け、子弟の地元就職が可能で、農業は継がなくても家は継ぎ、農地は貸し付けて資産的に継承していける地域との違いである。

兼業収入に頼りつつ農地を資産として継承する子弟がいないとなると、地域ぐるみで土地改良に取り組んでも、これらの高齢農家はその恩恵を実質的に受けることはなく、10a2万円前後の償還金を2年、3年と滞納すると農地を持ちこたえられなくなる（Fの言）。そして償還金負担は規模が大きい層ほど絶対額として重い。これらの理由が重なって中間層にまで農地売却が広がっているといえる。

購入層の性格

調査農家の21世紀の10年間における農地購入（購入予定で県公社から賃借している分も含む）をみたのが図表5－6である。10戸のうち半数はこの10年に10ha前後以上の購入をしており、その頻度もA、C、Dはほぼ毎年、F、Gもほぼ隔年で購入している。

ではいつ頃から、このような旺盛な購入が始まったのか。早い農家では1990年頃からであるが、2000年前後からの農家が多い。そしてこれらの農家は作業受託、転作作業受託から始めて、賃借、そして購入へと移行してきたものが多い。転作強化と米価下落が始まった1980年代なかばあたりから規模拡大傾向を強め、それが21世紀には徐々に購入に収れんしてきたといえる。

現代の自小作前進、現代の自小作農

図表5－5（262ページ）で自小作関係をみると、A、B、C、G、Hにみるように自作、小作半々、あるいはD、Fのような自小作が主流で、Fのような借地のほうが多いのはむしろ例外であ

図表5-6　調査経営の2001～2010年の農地保有合理化事業実績

（単位：ha）

経営	即時購入	借入後購入	借入中	合理化事業以外	合計
A	10.9	2.2	1.2	−	14.3
B	1.7	−	3.3	3.4	8.4
C	3.8	3.8	1.3	7.1	16.0
D	12.5	6.0	0.4	−	18.9
E	6.9	−	−	0.7	7.6
F	1.7	4.8	3.1	−	9.6
G	6.5	6.4	−	−	12.9
H	1.7	−	1.2	0.7	3.6
I	1.3	−	−	0.9	2.2
J	3.0	−	−	1.4	4.4

注：1.「借入中」は、現在も公社からの借入が継続している件のみを計上。これらの経営は期間終了後は買い取ることがほぼ確実に見込まれるので合計に加えた。
2.「合理化事業以外」は調査において確認されたもので、最近の事例に限定される。したがって「合計」は購入予定を含め確認されたもののみの計である。

る。これらの農家のほとんどは、借りていた農地を頼まれて購入している。そして現在の借地もいずれ買い取ることになろうとみている。かつて北海道の貸付は売却への過渡だといわれたが、そういう関係が現存しているのである。一種の現代版「自小作前進」ともいえる現象である。

ただしその点では、同じく米の系統外販売をしながら、小作地の買取りは規模拡大にならないとして、新たな農地購入に力を注ぐAに対して、こだわりの米を生産し、借地していた田は土がわかっているのでつくりやすいとして小作地の買取りにするDとの対応の違いが認められた。

今後の拡大の経路については、多くは、作業受託、借入、購入いずれでもチャンスがあれば臨機応変に対応したいとしているが、本音はBのように購入による自作地拡大にある。子どものいないEのように自作地を退職金代わりと考える経営もある。

なお自小作農と規定したが、彼らの多くは集落での少数共同による転作受託に取り組んだ経験をもっている（A、B、C、E、F）。このうちB、Eは今日も続けており、Bも多くの転作組合と連携している。その意味では孤立した「自立経営」ではなく「中核農家」のイメージに近い。

蓄積基盤

このような旺盛な農地購入を可能にするのは何か。これらの経営は3、4haからの出発が多い。その点では出自的には上層農だといえるが、しかし初めから特段に大きな経営というわけではない。彼らが農地購入層として突出してきたのは、第一に、主体的には農業で生きるという選択である。規模拡大は出自という運命ではなく、農業選択という意思の結果である。

しかし願望だけでは自作地拡大はできない。第二に、家族農業労働力の豊富さである。ほぼ30ha層までは二世代夫婦専従経営といってよい。加えて50ha層では直系以外の子弟や雇用労働力を加えている。しかし、この点も広い意味で選択の結果であり、意思に基づくものである。長男が家業として自動的に継ぐわけではない。Dのように娘を小さいときから「洗脳」して農業後継者に仕立て上げる努力もみられるが、多くは長男のみならず次男や女の子も自家経営を手伝うことを選択している。

規模拡大に当たっては、とくに後継者の確保が決定的である。後継者がいる経営だから貸す（D）、後継者がいる農家だから購入するだろうという形で自ずと農地が集まってくるのである。その点では後継者こそが最大の「広告塔」である。また後継者の農業就業が法人化のひとつの契機になっている（B）。

それが30 ha以下になると、世帯主夫婦専従が主になり（Hは娘が加わり、Iはワンマンで一般化はできないが）、この層がワンランク上に行くには労働力的なネックがあるといえそうである。それを単純に雇用労働力でクリアできるかというと、そこは法人化を展望しなければならぬなど難しいものがある。

第三は、多くの経営が米単作ではなく、他に蓄積基盤をもっている。A、Dは米販売、B、C、Fは転作作業受託、ハウストマト、輪菊などの複合部門である。

変わり種ではGやIの出稼ぎがある。彼らは出稼ぎの仕送りで農地を購入している。その出稼ぎもFは農閑期、Iは田植期を除く通年の違いがある。Jも兼業勤務時代から農地購入していた。彼らは出稼ぎや工場勤務の機会がせばめられてくるなかで、そこで稼いだ資金を手がかりに、農業に新たな就業の場を求めた面もある。高度成長期のように農業から農外に就業の場を求める時代から、一部の者にとどまるだろうが、農外から農業に就業の場を求めるように流れが変わったのである。

これらの経営はEが指摘するように、基本的に米価下落時代に規模拡大を始めた層である。米価下落時代の規模拡大には米作部門以外の何かが必要だといえよう。

図表5−7　転作対応、米の販売先、資材の購入先

	転作対応	米販売	資材購入
A	加工米	米穀店（集荷業）自営	資材販売
B	転作作業大規模受託	業者売り3/4	農協20%
C	飼料作物、大豆	農協（トマトも農協）	業者
D	加工米	SM、業者、小売	業者
E	WCS、飼料米	農協	農協（父が元理事）
F	大豆、菊	農協	
G	加工米、米粉	農協	農協
H	加工米	業者53%、農協41%	業者
I	大豆	農協	農協
J	やらない	業者、SM、直売	農協

米販売、生産調整、農協取引

以上、「現代自小作前進」「現代自小作農」についてみてきた。付随していくつかみておきたい。

まず生産調整対応と米販売の関係である（図表5−7）。40ha以上層はCを除き米は農協外に販売している。そのうちAとDは米の集荷も行なっており、Dは受託がらみだが、Aは町内最大の集荷業者でもある。彼らの生産調整対応は2つに分かれる。

第一は、A・Dのタイプで、生産調整は加工米対応である。米屋としては生産調整するより、目一杯米を生産して販売したほうが得に決まってる。しかし生産調整を守る（参加する）ということになれば、やむをえず安い加工米で対応することになる。その点は20ha規模のHも同じである。

また6ha経営のJも六次産業化の資金や学費を稼ぐには生産調整などしていられないという事情があり、米を系統外に売っているのも同様である。

大きく分ければ、米を集荷あるいは独自販売している経営は

生産調整には消極的であり、するとしても加工米対応である。これらの経営が伸張するに当たっては、米の販売や生産調整が自由化・選択制化されたこともあずかっている。その意味でも新しい時代の規模拡大経営といえる。民主党農政が水稲作付けに前向きなのもプラスしているといえる。

第二は、40 ha以上のB・Cのタイプで、業者売りと農協売りに分かれるが、生産調整には前向きである。Bは転作受託を、Cは農協共販のトマトをそれぞれ蓄積基盤としており、転作を組み込んだ経営、農協取引による経営として生産調整に対応しているわけである。

なお40 ha以上層は資材購入も農協外からである。30 ha以下層では米も農協出荷、資材購買も農協利用が主流になる。

機械装備

急速拡大を遂げている層からは、「予定より速いスピードで拡大しており、体はついていくが機械がついていかない」(E)というような「嬉しい」悲鳴が聞かれる。図表終-1（303ページ）によると、50 ha、30 ha、10 haの各層ではトラクター、コンバインの台数と性能、田植機の性能、乾燥機の台数が異なり、機械投資が段階的に増える。加えて米の販売俵数の多いこれらの層としては「1000円下がっても機械1台相当が飛んでしまう」(F)という価格変動の影響をもろに受け、おまけに政策がくるくる変わる。「政権が最大の経営リスク」になっている現状である。

前述のように労働力基盤の面からみても、10 ha、30 ha、50 haへの段階的前進には厳しいものがあるが、加えてこのような機械投資・施設投資問題がある。

政策対応

生産調整対応は、金木町では加工米対応が取り入れられ、転作不参加層もそれで対応が可能になったが、米の集荷・独自販売農家としては取扱い商品量が減少する米減反は望ましいことではなかった。とくに資金的に苦しいJの場合は、加工米対応もしなかったために、政策面で疎外され、おまけに米粉も自家加工が認められないというあまりに機械的な対応をされ、とまどっている。

品目横断的政策については、転作物をつくっている農家は対応しており、そうでない農家は参加しなかった。同政策で注目されるのはBで、転作組合から転作作業を受託しつつ、あくまで作業受委託の形式にとどめて、自分は作業料金のみをもらい、交付金等は組合に帰属する形をとった。

民主党農政への転換については、Bの大豆転作の受託が20haも減った。転作に対して一律3万5000円の交付金であり、地権者としては1万円以上の収入減になり、転作の作業料金を払ってはいられないという対応を受けたのである。あるいはFは作業料金を1万5000円から1万円に下げている。幸い激変緩和措置でかなりの部分がカバーされることになり、復帰が予想されるが、政策変更が経営に及ぼす影響は大きい。また戸別所得補償の1万5000円については、それをもらうために貸付け農地を取り戻すという動きはみられなかった。Eが指摘するように、「1万5000円もらえるならもう一年つくってみるか」という高齢農家等の対応から、農地流動化に若干ブレーキがかかったことは想像されるが、一時のものだろう。

いずれの農家も戸別所得補償ではなく、米価の維持向上を強く願っていることはいうまでもない。加工米についても政府が一律価格で買い上げた上で、用途別に分ければいいではないかという声である。

（5）農地市場

農地売買

農地市場はかなりオープンだといえる。相手は集落内もあれば外もある。親戚もあれば非親戚もある。田んぼで仕事していて話が始まるケースが多く、田隣りにまず声をかけ、引き取れない場合は購入者のところに直接あるいは知人を通じて話が持ち込まれるようである。町外の土地もあるが、出入り作は徐々に整理されつつある。厳しい情勢下で合理化が求められるし、これだけ売買が多くなれば、農地をまとめることも夢ではない。Ｇは他町の農地を２ha以上も売って買い替えている。

前述のように売買への過渡としての貸借の位置づけ事例が多く、Ｄではそれが６割にのぼる。

多くの購入層は相手の言い値で買っている。相場は中田で10ａ30万円程度であるが、これらの層はそれより高めに（40万円程度で）買っているケースが多い。長年借りていた農地を購入するとか、負債整理等でカネが要るなど相手の事情がわかっていることもあるが、「欲しいと思うと５万円は高くしないと」（Ｇ）、「値切ると田は集まらない」（Ｈ）ということでもある。

後述するように小作料は10ａ3俵程度が相場であり、相対的に高い。金額にして3万5０００円程度か。3万5０００円を仮に5％で還元すれば70万円の採算地価となり、今の平均である1％で還元すれば3５０万円もの地価になってしまう。明らかに「小作料を3.5俵払うより、30万円で買ったほうが得だ」という経済関係が成立している。

売買に際しては土地改良の償還金は継承される。売り手は売却代金から未納分を納めることになる。

売買については、生産調整していない等の事情がない限り農地保有合理化事業が利用されており、合理化事業に対する評価は高い。また図表5－6（287ページ）から計算しても、借入後購入が23％、借入中が11％、合わせて3分の1を占めており、購入予定農地を公社から5年程度借り、その小作料分を差し引いた形で売り渡しを受ける制度の利用も多い。他方ではこの制度で買う予定の者が買い切れなくて回ってきたというケースもある（C）。

農地賃貸借

購入層が前述のように30～50名に限られつつあるのに対して、賃貸借の借り手はもう少し広範な層に広がっていることが推測される。購入には資金的に踏み切れないが、頼まれて借りるというケースであろう。しかし他地域で一般的な借地拡大タイプの担い手はいない。事例ではEが小自作だが、後発の急拡大に伴うものであり、彼も目標は自作地拡大にある。

前述のように小作料は３俵前後で他地域と比べてかなり高く、Ｄのようにせめて2万円程度まで下げてほしいという願いがある。期間は5年が多く、10年は双方にとって長すぎるというのが共通した認識である。借り手としても10年は責任がもてない、政策変更のリスクがあるということである。売買への移行が予想される事情も影響しているかもしれない。

４　新たな取組み

それぞれの項でいちおうまとめているので、「まとめ」の代わりに新しい動きを簡単に紹介する。

津軽は個性が強くまとまりのない地域とみてきたが、変わりつつある。第一に、西北地域県民局や行政、農業・商工団体が集まり、２０１０年から「ヤッテマレ軽トラ市」を始めた。「ヤッテマレ」というのは「やってやろう」の意だという。6月から10月の第四日曜日に市街の目抜き通りでの直売イベントで、「はじめに」に述べたようにエルムの街の登場でシャッター通り化した商店街の活性化をめざし地元産品の販売を行なうもので、実に多数の団体・個人が出店し、来場者は合計１万３０００人、１軒当たりの1回の売り上げは4万円程度である。

第二は、新規就農者支援事業補助金の開始で、①「明日の農業者育成」（高校生など農業をやってみようかという者を対象）、②「就農研修支援」（就農予定の後継者・新規参入者を対象）、③「生活安定化支援」（月2万〜3万円の生活費支援）の3事業である。①②は研修生の受入れ農家への日当相当の補助であり、②は定員9名、②③は1年単位で3年まで更新可である。実績としては③の9名がある（うち後継者が8名）。

第三は、地元の五所川原農林高校の動きで、津軽鉄道の駅前に「街作り五農農業会社」をつくって直売を行ない、「赤いリンゴ」とそのワイン、つがるロマンをもちいた地酒「農學育ち」の開発に気を吐いている。第1章4の相可高校の実践に共通する動きである。

第四に、市農政としても集落営農へチャレンジする構えである。本章でみたようにそれは極めて困難な課題である。しかし少数担い手農家への依存には限りがあり、多数の中小規模農家が堆積するなかで、踏み出さねばならない課題である。

（2は2007年8月、3は2010年7月、2011年7月補足）

終章　土地利用型農業の担い手像

1　農村社会のニーズと担い手

土地利用型農業の担い手

以下では、事例から言えることのみを簡単に整理する[1]。

本書は、園芸と区別される農耕（土地利用型農業）に限定して、その多様な担い手像、あるいは担い手の多様なあり方を明らかにしようとした。したがって「これがザ・担い手だ」といった形で特定することは初めから考えていない。というより、そのような限定は間違っていると考える。

土地利用型農業の展開は基本的に平野部に限定される。都市農業や中山間地域農業では、土地利用における規模の経済を追求する条件に乏しい。とはいえ日本の条件不利地域は平場と同じ水稲作という土地利用型作目を主にしている。そういう矛盾のなかでの苦闘を島根、広島、岩手の中山間地域に垣間見たが、それはそれで独自の研究領域をなすだろう。

土地利用型農業の担い手を個別経営と集落営農（法人）に分けたが、「担い手」としての共通性は何か。本書では「担い手」とは、「個別経営の利害だけでなく社会的なニーズに応え、社会的課題を担う者」と規定した。土地利用型農業の担い手としては、端的に自家農業の維持が困難になった他家の農業の一部あるいは全部を引き受ける者を全て「担い手」とした。生協や建設会社が設立した農業生産法人等も、そのような機能を担う限り「担い手」である（本書では生協の事例は割愛した）。

その点で注目すべきは、広島で生協が設立した法人、斐川町の建設会社による法人、同じく福島の建設会社による法人に共通するのは、いずれも耕作放棄地の復旧に取り組んでいる点である。そこには親企業のいろんな思惑や事情もあろうが、ともかく現実に地域の農業者が対応しきれない耕作放棄地を進んで復旧・耕作している。その場合に生協の販路や福祉活動との関係、建設会社の土木技術、重機や余剰人員、また一般企業としての経営やマーケティングのノウハウが活きている。

それらは、むしろ採算度外視でがんばっているといえる。かといって本書が企業の農業進出を手放しで礼賛するわけではない。平場の農地をめぐって地元農家と競合するような進出や将来の所有権取得を視野に入れた進出は歓迎しない。調査したこれらの企業の進出は、農地所有権の取得などという要求はもっていない。借地経営が長期化すれば、経営安定のための所有権取得という話になるかもしれないが、経営安定は何よりも地域との信頼関係に基づくと言うべきである。企業の地域農業囲い込み戦略については、引き続き調査したい。

コミュニティビジネスを担う社会的企業

さて、以上のように「担い手」を定義すると、農地を購入、借地、作業受託している経営体は、みんな「担い手」になるのかという反論がありうる。それに対する再反論は難しいが、問題は経営のあり方あるいは姿勢である。

例えば、荒らしづくりをしない、他家からクレームをつけられない（大規模経営には水管理等の杜撰さを周辺農家から指摘される例もある）、途中で投げ出さない等の耕作モラルは最低限として、「むら」の農地の何割までは自分たちで引き受けられる、といった「むら」農業全体を見渡したなかでの自らのポジションや他の農家との役割分担の自覚であり、地域における雇用を少しでも増やす試みであり、あるいは契約小作料は引き下げない、農地は相手の言い値で買うといった「むら」人への配慮であり、集団転作作業を一手に引き受けることであり、そして何よりも二世代就業で農地の永代管理（永代供養ではない）の希望に備えるといった構えである。

もちろん個別経営は、ボランティアとして採算抜きで借地や作業受託をしているわけではない。また集落営農も法人化し、農業経営体として地権者から自立するようになれば立派な個別経営体といえる。それらはＮＰＯとは異なりあくまで私的な経済的利益の追求者である。

しかしその側面だけで捉えることはできない。そこには地域（むら、村）への配慮があり、個々の農家では支えきれなくなった地域農業を担い維持するという社会的ニーズへの対応がある。要するに共通するのは、そのような「社会的企業」としての面である。今日は営利企業もその社会的責任を強く問われる時代である。そのなかで農業のそれが固有に区別されるのは農村社会のニーズに応える「農村コミュニティビジネス」の担い手、「地域農業の担い手」という面だろう。集落営農をもってコミュニティビジネスとする規定もあるが、それは狭すぎる。担い手経営全体をコミュニティビジネスとしたい。農業所得増大の手段として「六次産業化」が民主党農政の主流に据えられているが、たんなる六次産業化なら大手食品メーカーの地域進出による雇用拡大でもいい。しかしそれでは地域に「落とす」カネ、地域内で「回る」カネよりも、地域から「持ち出す」カネのほうが多い「六次産業化」になりかねない。地域に求められているのはコミュニティビジネスとしての農産物の生産・加工・販売等であろう。

そうなると、個々の個別経営や集落営農がそれ自体として「担い手」である、というよりは、それらの関係性（ネットワーク）こそが社会的ニーズの「担い手」だといえる。

本書の事例では、多気町丹生の「丹生営農組合」や「せいわの里」「まめや」がコミュニティビジネスの典型といえ、また佐賀の事例はネットワーク型農業の典型といえよう。

その意味では、やや曖昧だが、関係性の場、ネットワーク（社会的共通資本）の範囲としての「地域」そのものもまた「担い手」だといえる。それを一面的に強調することで、見誤るものもまたあろうが、地域経済論は、地域そのものを一つの経済主体と捉えることで初めて固有の研究領域を確保しうる。

とはいえ、その関係性、ネットワークには力点の相違がある。本書の面的分析の事例でいえば、出雲市は集落営農優位、斐川町は個別経営と集落営農の棲み分け、松本市は集落営農と個別経営の支え合い、五所川原市は個別経営優位といえる。しかしそのいずれにあっても、「担い手」である以上は社会的ニーズ・課題への関わり合いをもっている。また五所川原の個別経営も、よくみれば少数協業や集落との関わりをもっている。

2　現代家族経営

現代自小作経営の可能性

斐川町や松本市でみた個別経営の少数事例はことごとく借地主体だった。それに対して五所川原市の規模拡大経営の農地集積の主流は所有権移転だった。それは東北的な、出発点での自作地の相対的な大きさと、非東北的ともいえる「いえ」崩壊の合わせ技である。北海道でも利用権が主流になっている現在、それはたんに特殊青森的・津軽的と片付けられるべきものかもしれない。とはいえ調査した他地域の担い手がそれなりに農地購入していることも確認された。

高度成長期以降なかんずく1970年代以降、農政は自作農主義から借地主体に転換し、規模拡大の主流は利用権形態とされ、政策的には所有権移転は農地移動適正化あっせん事業や農地保有合理化事業、制度融資等に押し込められてきた。２００９年の農地法改正に至る末期自民等農政は、農地保有合理化事業の意義を否定し、「農地等売買事業」に矮小化した。民主党農政は、自民等農政がつくった農地利用集積円滑化事業を自らの戸別所得補償制度に組み込み、借り手のみに規模拡大加算を交付することで（２０１１年秋以降、貸し手への交付も検討）、いよいよ賃貸借に傾斜した。

しかし、まず第一に自作農主義という捉え方がおかしい。農地法は当初から農地の権利を取得しうる者を耕作者に限定してきたのであり、その意味でははじめから「耕作者主義」であって、仮に自作農主義というものがあるとすれば、それは農地改革後の課題状況に規定された、耕作者主義の一つの歴史的形態に過ぎないといえる。

他方で借地主体に切り替わったという捉え方もたんなる現実追認に過ぎない。五所川原の事例を見ると、借地主体というのは、農地価格が農業採算価格をはるかに上回る水準につり上げられた高度成長期以降の歴史的事情に規定された「やむを得ざる」対応であり、「余儀なくされた」姿だという気がしてくる。

それに対して、そもそも資本として回収不能な土地への投資は非生産的であり、借地によりそれを回避して生産的投資に振り向けるのが合理的というのが通説である。しかしそのような「理論」は、資本としての合理性を非資本主義的な家族経営にも当てはめるものに過ぎない。土地負担は経営にとって負担だが、家族経営としては土地を所有しないことのリスクはそれを上回りうる。地価が農業採算価格の範囲内に収まった時、そこで借地と購入のいずれが家族経営にとって適合的なものとして

図表終−1　五所川原市における担い手経営の規模別類型

規模階層	50ha 経営（B）	30ha 経営（F）	10ha 経営（I）
経営耕地（うち自作地）（ha）	47.0（24.0）	30.0（20.0）	10.5（4.0）
2001～2010年の購入（ha）	5.1	6.5	2.2
労働力（家族）	主59、妻57、あ35、嫁32、次男32	主59、妻57、あ32、嫁31	主49
労働力（雇用）	35、35	臨時雇用	臨時雇用
トラクター（馬力）	170、150、120、67、24	95、80、60、18	30、22
田植機	10条	6条	6条
コンバイン（台）	汎用2、自脱型1	汎用2	自脱型1
乾燥機	80石3、70石1、60石3、40石1	80石、50石、50石	50石、47石
経営の特徴	転作作業大規模受託	菊栽培	米・大豆

注：1．2010年6、8月の調査による。
2．労働力の数字は年齢。「あ」は跡継ぎ。
3．規模階層の（　）内は図表5−5の農家番号。

選好されうるかが問われる。

五所川原市の事例は、地価さえ採算水準になれば、「現代自小作前進」「自小作経営」が出現しうることを示唆している。

二世代家族経営

地域にとって「担い手」の最重要な要件は、「持続可能な経営」「経営継承的な経営」ということである。個別経営の主流は家族経営であるが、家族経営として「持続可能性」「経営継承性」が現実に確実なのは二世代世帯経営である。本書の事例を五所川原市を中心に大まかに整理すると（図表終−1）、二世代夫婦の就農を確保しうるのは概ね30 ha以上、そして50 ha以上になると家族労働力を主にしながらも雇用者を入れた経営が一般的になる。それに対して10~30 haは夫婦経営、10 ha以下はワンマンファームである。

10 ha以下の夫婦経営は、J経営のように多角化している。つまりファームサイズの小ささをビジネスサイズで補っているわけで、土地利用型農業といえども、集約作目や加工販売部門を取り入れることで、耕地規模の制約からある程度まで解放される。

他地域についてみると、第4章の松本市島内村の法人経営は、津軽の大規模経営とはかなり様相が異なる。第一に、津軽のような所有権移転で規模拡大する自小作経営とはいかず、利用権集積に基づく借地経営である。規模拡大過程においても自作地拡大はほとんどみられない。第二に、法人経営は20 ha以上でいちおう二世代経営化しているといえる。北清水は20 haだが拡大目標は30 haであり、その意味では上記の30 ha以上二世代経営に近づく。さらに浜農場と高山の里は、法人化の経緯からくるパートナー氏との共同経営であり、さらに雇用者も入れている。しかし共同経営者の妻や子弟は農場には関与しておらず（要するに家として関与はしておらず）、主たる性格は家族経営＋雇用経営といえる。また実際の経営面積に匹敵するか上まわる作業受託（実際の経営受託を含む）を行なっており、実質的な経営規模は50 haをはるかに上まわる。

さらに他地域についてみると、第3章2の斐川町のK農産（株式会社）は51 haだが、本人はまだ若く、雇用者3名を入れている。Hさんは10 haだが、高齢夫婦と独身の子ども2人の経営である。

松本市のCさんは20 haで父母と本人、高松営農組合のオペレーター青年は6 haで母と本人の経営、いずれも集落営農法人からの収入が所得の相当部分を支えている。五所川原市の事例とピタリ一致はしないが、そうはみ出すものでもない。

以上から、幅はあるものの、地域から「あの家なら農地を任せても末永く面倒みてもらえる」と信頼される、その意味での「土地利用型の家族経営」としての「担い手」は二世代世帯経営、規模にしてほぼ30 ha以上といえ、極めて高いハードルである。

それに対して、生源寺眞一氏は、米生産費統計の60 kg当たり生産費から「現在の標準的な技術体系を前提にすると、おおむね10ヘクタールの作付け規模でコストダウン効果は消失する」、4割の生産調整を前提すれば「耕作する水田全体の面積としては15～20ヘクタール程度の規模でベストの状態」とする。(2) さらに氏は、現実には「ベスト」の規模を超える大規模経営が展開しているが、それは雇用や作業機の複数セットによるネックの打開、加工や販売のメリット追求にあるとしている。

10 ha限界説は「現在の標準的な技術体系を前提」とするというよりも、規模拡大に伴うほ場分散や畦畔の存在を前提とするものだろう。前述のK農産（51 ha）のように農業公社によるほ場団地化と畦畔の取り払いが可能になれば「拡大しても軽油の消費量はほとんど変わらない」という規模拡大効果を発揮している。そういう地域の努力なしに現状に甘んじることはできない。

なお図表終-2および3によると、時間当たりの農業付加価値生産性という点では、規模拡大効果は持続していることがわかる。図表終-3では30～50 haでは時間当たり付加価値生産性はやや停滞す

図表終-2　水田作の個別経営の農業付加価値（2009 年）

	平均	3 ～ 5ha 未満	5 ～ 7	7 ～ 10	10 ～ 15	15 ～ 20	20 ～
1 時間当たり（円）	542	1,209	1,564	1,683	1,957	2,638	3,384
10a 当たり（千円）	24	48	57	55	48	55	52

注：1. 農業付加価値＝農業所得＋支払労賃・地代・利子
2. 農林水産省『農業経営統計調査　個別経営の営農類型別経営統計―水田作経営―』による。

図表終-3　水田作の組織経営体の農業付加価値（全国、2008 年）

（単位：1,000 円）

	平均	10ha 未満	10 ～ 20	20 ～ 30	30 ～ 50	50ha 以上
農業付加価値	21,460	5,134	16,142	14,763	27,571	52,633
1 時間当たり（円）	2,694	1,168	2,374	2,727	2,824	3,450
10a 当たり	67	62	104	58	70	58

注：農林水産省『農業経営統計調査　営農類型別経営統計（組織経営編）』による。

るが、50 ha以上ではまた伸びる。

要するに低コスト化という意味での規模の経済は10 ha当たりで尽きるかもしれないが、付加価値生産性の規模拡大効果はなお続く。序章で規模拡大の意義を価格訴求時代における低コスト化においたが、現実の大規模経営は低価格訴求よりは高品質・高付加価値をめざしていると推測される（ただし土地面積当たりの規模拡大効果がないこととの関連は不明）。

このように付加価値生産性の規模拡大効果は50 ha以上にも貫徹しているが、だからといって青天井の規模拡大が是認されるわけではない。自由化に低コスト化で対抗するには数百ha規模への拡大が必要だとか、水田高度利用の典型として１００ha、２００ha経営を取り上げ、集落営農もその後を追うべきといった議論もみられるが、それに対しては低コスト化の規模拡大効果が10ha程度で尽きるという指摘は重要であり、図表終−2、3でも面積当たりの付加価値額が大規模層で落ちているのは大規模化が必ずしも農地の経済的な有効利用とはいえないことを示唆する。

経営継承性の確保

以上はしかし、30ha規模の二世代世帯経営をもって唯一の担い手経営と規定するものではない。それはあくまで「土地利用型の家族経営」として安定的・経営継承的と見なされるのは二世代経営であり（それ自体は同義反復）、その条件を確保するには30ha以上が必要だというにとどまる。30haといえば、ごく一部の大平野地帯の「いえ」崩壊が深化した地域でかろうじて点的に確保しうる条件であり、本書でとりあげた中山間地域の農業集落を2つ3つ飲み込んでしまう規模である。そういう地域では、「ともかく農地を預かってくれる人をみつけたい。さもなくば耕作放棄だ」というところまで追い詰められている。

本書は他の農家の作業・経営の一部・全部を引き受ける経営をもって「担い手」としている。だがそれらの多くが「安定的・経営継承的な担い手」たるためには、以上で前提していた「土地利用型」や「家族経営継承」といった枠組みをある程度外して考える必要がある。

第一に、本書は土地利用型農業に限定してきたが、それはあくまで叙述対象の限定であって、現実の展開が土地利用型にこだわる必要はない。例えば前述の五所川原のＪ経営は、加工・販売事業との関係で経営規模は10 ha程度にとどめつつ、次世代の就業を期待している。先の生源寺氏の指摘との関係でいえば、コストダウン効果を10 haまで追求し、後は加工販売部門での収入増を狙う合理的選択でもある。土地利用型農業に園芸農業や加工販売部門を加えるか、それとも土地利用型一筋でいくかは、農業者の資質や志向、土地供給といった地域の客観条件によりけりである。

第二に、家族としての世代継承性を確保できていない経営も、農地の管理を依頼する側にとって経営持続的であり得る条件をつくる必要がある。それは五所川原では「オレが倒れたらお前に頼む」といった担い手の仲間意識である。そしてそれを自発的自主的に「担い手互助組織」化していくことである。各地域でも個別の担い手は絞られつつある。その彼らがバラバラに借地競争をくり返すのではなく、誰に貸しても同じようにきちんと資産保全してくれるという地域の信頼を醸成しつつ、果敢に作り交換を行ない、経営継承も組織として担保していくことである。それが「担い手」として課せられた課題である。

それに制度化に取り組むのが斐川町農業公社で、そこでは公社が利用権を一元管理しつつ、高齢化した後継者のいない担い手の利用権を他に回していくシステムを構築している。それは農地利用集積円滑化事業でもできないことはないかもしれないが、本格的に取り組むには中間的土地保有機能が不可欠である。

第三に、規模の大きな経営だからといって、身内から継承者を確保できるかはわからない。その点で新規就農者の研修支援を行ないつつ、身内以外から後継者を確保していった、あるいはいこうとする余湖農園や「おっとちグリーンステーション」といった法人経営の対応が注目される。それはやはり法人でないとなかなかできない対応である。新規就農支援については後述する。

現代家族経営――「いえ」の内部変革

同時に、家族経営が世代継承性を確保していくには「いえ」の内部変革が欠かせない。「おっとち」は現代家族経営を考える上でいろいろな示唆を与えてくれる。①柳渕家の事例は、家父長制的な「家」は解体されたが、それが即「いえ」（直系家族）の崩壊にはならなかった。戦後民法のもとでも「いえ」は現代直系家族制として残存した。そのうえで、20代の息子が40代の父を農業リタイアさせて、経営権の移譲を受け、一挙に少数農家による協業経営化を果たしてしまう。それは現代直系家族における「革命」だった。②序章でふれた1970年代の梶井功氏の農業生産者組織論は、家父長制的な「家」による家族労働力統括力が失せるなかで、妻は農外就業し、ワンマンファーム化し、そこで必要な組作業はワンマン同士が生産者組織をつくって確保するというシェーマだった(3)。それに対して「おっとち」の場合は3～4組の夫婦による生産組織化だった。③その場合に、夫婦として組作業するのではなく、それぞれが組織内で個人として役割を分担している。④今後の経営継承についても、自分たちがそうであったように、親の経営を継がせるのではなく新たな血を導入する準備を着々と進めている。

「いえ」農業の縦（世代間）関係の変革が横（夫婦間）関係の変革につながり、さらには世代継承ルールとしてライフサイクル化していくわけである（ただし家族内から家族外への拡がりをもって）。それは序章でふれた新政策の「家族農業の集合体ではなく、個人の集合体として捉える」「組織経営体」の概念に適合的にみえる。しかし彼らは別に個人として参加したわけではない。「いえ」農業の延長にあるが、組織である以上、協業が夫婦単位ではなく組織単位で編成されることはいわば当たり前のことである。

五所川原市の事例では、50 ha層になると雇用が入るが、その場合にも家族経営が基本的な性格である。また法人化は50 ha層でも半分にとどまり、本格的なそれはBのみであり、後は部分的なものである。同時に50 haを超えると雇用労働力を入れての法人化が展望されるようになる。

前述のように50 ha経営では直系二世代以外の傍系家族も巻き込んだ家族経営＋雇用経営の性格をもつが、Aの後継者夫婦はアパートからの通勤農業であり、Fも隣家に住むなど、生活は分けられている。Bは次男も引き込んでいるが、次男名義の土地を購入したりしている。拡大家族経営というより、次三男女のひとつの就業選択の場としての法人経営であり、彼らは将来はともかく明確に雇用者として扱われたり、別部門で自立したりしている（F）。

これらの経営にあっては、とくに女性の活躍が注目される。Cは複合部門としてハウストマトに取り組んでいるが、それは妻の希望で始まり、妻が責任をもって女性高齢者を雇用しつつ、長男の妻が販売面等を担当している。Dは跡継ぎ娘として経営者となり、Jも六次産業化は妻の趣味が昂じたものともいえる。彼女は次々に新たなことにチャレンジしており、まさに経営感覚に富んでいる。

今回の調査は、お宅に伺うのはプライバシーの問題もあるということで、役場の一室に来ていただく方式をとったが、GとJはご夫婦で来場された。一緒にやっている農業経営に関する調査には夫婦で対応するのが当然という態度であり、これは今までの調査経験にないことだった（お宅に伺う場合に夫婦で対応してくれる例は多かったが）。

また松本市のCさんの場合、三世代が同じ屋根の下に住みながら、母親の配慮で玄関、居間、風呂、食事は別にするなど、「いえ」内別居＝同居の形をとっている。

要するに、形としては三世代直系家族（プラス傍系）という「いえ」の形をとっているが、内容的には世代間は生活的に半自立しており、「夫婦農業経営」「パートナーシップ経営」といえるものが自然に成立している。

3　集落営農の階梯と類型

階梯か類型か

個別経営において安定的な担い手経営への道が、自然人としての世代継承性（後継者確保）あるいは法人化という点でハードルが高いなかで、また個別経営の規模拡大が中山間地域等では厳しいなかで、より普遍性のある担い手へのもう一つの道として協業組織化がある。序章でも述べたように、新政策から新基本法に至るグローバル化対応農政のなかでやや不明確になったが、日本の構造政策は一貫して個別の規模拡大と協業化の二つの道を追求してきた。

集落営農を分類すると、まず集落営農として取り組む作目の範囲がある。ⓐ転作の麦・大豆等、ⓑ稲作、ⓒ転作の集約作目等のいずれを範囲とするかである。結論的にいって、西日本ではⓐⓑあるいはⓐⓑⓒが多く、東北中山間も同様であり、それに対して松本市と五所川原市・金木町の場合はⓐが多く、稲作まで包摂するには及んでいなかった。筆者の長野県下の別の調査（安曇野市、上伊那郡）では、任意組織（特定農業団体）の場合は転作のみ（ⓐ）、稲作は販売・経理一元化にとどまるものもあるが、法人化した場合には稲作まで取り込む（ⓐⓑ、ⓐⓑⓒ）ようになる。

このように、販売・経理一元化のペーパー集落営農を認める品目横断的政策のあり方ともからんでやや複雑であるが、西日本は稲作ぐるみ、東日本は転作集落営農、長野県は両者といえる。ただし東日本の中山間地域では西日本と共通する動きが注目され、単純に西日本、東日本で割り切れるものではない。

以下では主流である米麦大豆等を含む集落営農を念頭におくが、集落営農とは、所詮は機械作業と水管理・畦畔管理の管理作業の地域レベルでの再編だと考える。そのような位置づけからは集落営農を次の三段階に分けることができる。

Ａ・任意組織の段階――機械作業は組織のオペレーターが担うが、管理作業は地権者が自らのほ場、あるいは割り当てられたほ場について行なう。全戸出役型の「みんなで仲よく集落営農」であり、役員＝無報酬、オペレーター＝むら仕事賃金での支払いであり、その残余は出役にかかわらず面積割りで地代的に配当され、地権者平等性が貫かれる。

B・法人化の第一段階――法人に利用権の設定を行なうが、水稲や転作の管理作業の全部あるいは一部が地権者に再委託される。その場合に、法人から小作料だけでなく、管理作業に対する相当額（小作料に匹敵するような）の報酬が支払われる。「半利用権」＝「半自作農」の段階だが、剰余は出役した者のみに払われる従事分量配当になり、地権者平等から労働配分へややシフトする。しかしここでも、完全に地権者戻しではなく、様々なバリエーションがあることを出雲の例でみてきた。

C・法人化の第二段階――法人に利用権の設定を行ない、法人のオペレーターや特定のメンバーが機械作業のみならず管理作業も行ない、彼らに生活を保障するだけの配分がなされ、地権者は地代取得者化する。法人は経営体としては集落から自立したといえる(4)。

もちろんA段階でも前述の品目横断的政策との関係で、販売・経理の一元化がなされている場合もあり得るが、管理作業の協業には至らない。

BとCの間も、管理作業ができない農家が増えるにつれて徐々に利用権設定に純化するというなしくずしの移行関係であることも多い。

つまり三段階は、構成員たる地権者農家に管理作業を遂行できる労働力がどれだけ残されているかという高齢化・脱農化の深化に応じた段階である。

そのようにみてくると、この三段階は地域農家の高齢化に応じた集落営農の「階梯」（ラダー）と位置づけられ、地域は徐々に階梯をのぼっていくことになる。その果てには、地権者から自立した個別経営体としての集落営農法人が描かれ、役員や少数オペレーターは法人で飯を食うことになる。今日の農政が地域の集落営農路線に妥協し、そこで法人化を推し進めようとするのはそのような階梯論への期待からだろう。

しかし今回の調査事例では、そこまで行っている組織は皆無に近かった。役員等が相当額をもらっている事例はあったが、せいぜい、年金収入＋αのレベルで、多くはボランティア的な報酬だった。いくつかの法人はB段階にとどまりつつ、小作料や管理作業報酬を抑え、雇用者を採用したりして、ゆくゆくは彼らに全てを任せる（C段階への移行）可能性を模索しているが、経営規模に制約される等その道は容易ではない。

そうするとAあるいはB段階で足踏みするわけだが、そのような集落営農を担い手とすることには消極的な見解もある。要するに高齢者の集まりであり、労働力面からみて持続性に難があるというわけである。しかしそうだろうか。実は多くの集落営農が役員やオペレーターの定年継承を当て込んでいる。60歳あるいは65歳になれば「むら」に帰り集落営農をバトンタッチしてくれるという想定であろう。現役時代は兼業しながら役員やオペレーターを務めているが、定年になれば専属になり跡を継ぐだろう。そのために集落営農の役員やオペレーター等の年齢構成を周到に配慮する。こうして複数の集落営農が「あと20年の目途は立っている」としている。

この場合にはAあるいはB段階に世代を越えてとどまる可能性もある。問題は地権者の高齢化で、管理作業の担い手が減少していくことだが、地権者側にも定年継承の可能性があるかぎり何とかなる。ただし他産業勤務期間に農作業を行なわず、忘れてしまったらアウトである。そのために若い世代に「法人の水を飲ませる」（奥出雲）努力も怠らない。

こうなると先の三段階は「階梯」ではなく、「類型」となる。特に西日本では集落営農の規模からしてもそうなる可能性を秘めている。

全中は、TPP対応（対抗）で、「水田農業の将来像と実現に向けたJAグループの取り組み等」を公表し、「わが国の集落単位である20〜30ha程度の1経営体を基本に『農業で食べていける担い手』をつくることが必要」とし、「ベテラン農家、兼業農家や定年帰農の農家などは、主たる農業従事者の営農を水利施設、農道維持などで支える集落営農に参加」と位置づけた。これはC段階を日本農業に普遍化しようとするものだが、その不用意な提言は、その後、「食と農林水産業の再生実現会議」に見事に利用され、今や民主党農政のTPP参加のための構造政策ビジョンになりつつある。

それに対し、やはり集落のみんなが営農に参加する集落営農の類型も認めるべきである。いわば1970年代までの「兼業農業の時代」から「定年農業の時代」への転換である。前者が個別経営だったのに対して、今やそれが集落営農の形をとるところが新しい点である。

中山間地域の集落営農と「規模の経済」

規模の経済の追求が難しい中山間地域においては、集落営農（法人化）自体が有力な、あるいはほとんど唯一の規模の経済の追求方法だった。しかしとくに西日本の中山間地域の集落は農業集落（むら）はおろか藩政村をとってみても10ha前後といった小規模集落が多い。そこには先の階梯論が当てはまらないばかりか、小規模では効率が悪い上に、リーダーやオペレーターの確保にも支障が生じうる。

そういう場合に提起されるのは集落営農の合併・統合論である。しかし谷だにに隔てられた「むら」の統合は物理的に難点があるし、また集落営農は「むら」の地域資源や生活を守るという側面もあるので、他集落との統合はその面からなじまない。そういう制約があるなかで、規模の経済の追求、リーダーやオペレーターの確保という課題に応えるために、いわば「集落営農の集落営農」ともいうべき「連合」方式を追求したのが、東広島市の「ファームサポート東広島」であり、奥出雲の「LLP横田特定農業法人ネットワーク」だった。

この2事例は、いわば中山間地域性の度合いに応じて二つの異なった行き方をしている。「ファームサポート東広島」は集落営農法人間での農業機械の共同利用であり、ゆくゆくはその共同購入も考えている。本書では取り上げなかったが、広島県三次農協管内には農協と県の支援のもと、28の集落営農法人が立ち上げられているが（うち15は農協出資）、うち7法人が「大豆ネットワーク」をつくり、大豆コンバインの共同購入・利用、5法人（先の7法人と重複あり）がマニアスプレッダの共同購入・利用に取り組み、前者はWCS稲用の機械購入も計画している。また旧大朝町の集落営農法人も「大朝農産」を設立して転作に協同で取り組んでいる(5)。

それに対してLLP横田特定農業法人ネットワークのほうは、栽培方法を一致させた奥出雲源流米の有利販売や転作大豆の味噌加工である。併せて、東広島と同じく機械の共同購入・共同利用も視野に入れられている。

いわば両者とも一種の「小さな農協」の役割を果たしつつ、谷だにに分散しているが、面積を合わせればかなりのロット（規模の経済）を確保しうることをテコに、有利販売・購買を追求しようとするわけである。

個別経営と集落営農の諸関係

両者の間には、コンフリクト、コラボレーション、棲み分け等、いろんな関係が想定される。

調査期間は政権交代期にあたり、末期自民等農政の品目横断的政策については、担い手農家への貸付地を取り戻して集落営農に参加するいわゆる「貸し剥がし」（集落営農非難）、民主党農政の戸別所得補償については、集落営農から脱退したり、貸付地を引き上げて自作する「貸し剥がし」（全販売農家への戸別所得補償非難）がかしましかった。そのような事例が皆無とはいえないだろうが、本書の調査事例ではお目にかからなかった。

ただし松本市では、先行する個別経営に対して後から集落営農が立ち上がってくると、今後は作業や農地が集落営農のほうに行くのではないかという危惧感や、戸別所得補償があるならもう何年か営農を続けてみようかという高齢農家の声もあった。前者については、すでに多くの法人経営等が面積的に延びきっており、具体的な脅威にはならず、後者については高齢化の進展という時間の問題だろう。

むしろ個別経営の担い手と集落営農の協力関係のほうが主ではないか。それが多かったのが長野県松本市である。島内村の浜農場は島内農業生産組合のオペレーターとして活動するとともに、品目横断的政策の対象にならない小規模農家の「集落営農」の窓口機能を果たそうとしていた（浜農場が交付金を受け取り、配分する）。また島内村の高松営農組合は若手農業者を中核オペレーターに位置づけ、営農組合の作業の相当量を彼に回していた。神林村のＡＣＡも青年農業者を理事に抜擢して運営にタッチさせるとともに、同じく作業の相当量を彼に回して意識的に「担い手」に育成しようとしていた。このように個別の担い手農家が集落営農の中核的なオペレーターとして集落営農を支えるとともに、集落営農の側も若手農業者に一定の収入を保障して個別経営を支えるという関係がみられる。これは広島県の旧大朝町の一部の集落営農法人にもみられたことである。また三重県多気町の丹生営農組合のリーダーも個別の担い手農家でもある。

集落営農の労働力的な脆弱性、個別担い手経営の経済的脆弱性を相互補完しつつ、地域農業の次代の担い手を考えていく事例として注目される。

以上に対して島根県斐川町の事例は、集落営農と個別の担い手経営の棲み分けである。農業公社の地図上には両者が入り混じり、まとまって塗りつぶされているのは集落営農、より分散しているのが個別担い手経営の経営地である。このように混在しながら棲み分けが成り立つに当たっては、農業公社の調整機能が大きく働いている。集落営農の出入り作の整理、担い手農家が集落営農に借地を明け渡す代わりに農業公社が代替地を用意するといった関係である(6)。

青森県津軽地方では個別の担い手経営優位の構造である。ここでは地域農業のリーダーが個別の担い手経営として展開しているために、集落営農のリーダーが確保できない。個別経営の規模がある程度大きくなると、なかなか集落営農の面倒まではみられなくなる。しかしここでも市農政は集落営農にチャレンジしようとしている。その場合に、集落営農と担い手農家の協同方式が鍵だと私は思う。

農村リーダー

今日の農村社会維持のための諸政策・諸方法においてはリーダーの確保が死活問題である。集落営農の形成、法人化、中山間地域等直接支払い政策、農地・水・環境事業等はとくにそうである。いくら社会的ニーズがあってもその担い手を確保しなければ朽ちていかざるをえない。そして集団にはリーダーの確保が不可欠である。第1章の3（東広島）、4（奥出雲）では次世代リーダーの確保にとりわけ腐心していた。本書が取り上げた事例は、はっきりいってリーダーにめぐまれた幸運な事例のみである。

その本書の事例の実質的リーダーを主たる職業経歴から分けると、農業者は図表終−4の佐賀の事

図表終-4　集落営農等の組織範囲

	佐賀	広島	島根	三重	長野	宮城	岩手	青森
農業集落	中村		三森原 下出来州 八島			おっとち 土地込	とぎの森	川代田 沢部 神原
複数集落			荒茅東 横浜・おきす 上直江北部					
藩政村		重兼 さだしげ		丹生	内田・高松・小宮			高野・種井・川山・飯詰
明治合併村	西与賀				ACA（神林）・島内		おくたま	喜良市
昭和合併村					勢和			

例および、さだしげ、丹生、小宮、おっとち、おくたま、津軽の事例で、後は全て県庁・役場・農協・教員（学校職員）やそのOBであり、なかでも農協OBが多い。なんらかの形で行政等の支援を受け、交付金等を受けようとすれば、その事務・書類の煩雑さは著しく、「まめや」の北川さんのように長年役場に勤めてきた者でさえギブアップ直前までいっている。そういうスキルもさることながら、先祖代々の財産に関わる地縁組織をまとめていくリーダー性は、一国一城の主である農業者ももちろんありえようが、近代的組織人として培われる面も大きいとすれば、OBが供給源になるのも一理ある。

これがひとつの現実だとすれば、それはそれで素直に受け入れて、それに即した態勢づくりに励むのが日本的な行き方ともいえる。行政においても「地域支援員」や「地域マネージャー」等の制度が設けられだし、若い（独身の）青年を有期限で雇用する事例が多いようだが、ＯＤＡのシニア協力隊のような制度を国内について創る手もありえよう。必ずしも地元に派遣するのではなく、志願してきた適性な定年後夫婦を各地に派遣するのである。地元みずからが協業集落営農を立ち上げられなかった背景には極めて複雑なものがあろう。それを外部からの派遣者が簡単にクリアできるとは思えず、地域の和を乱すだけかもしれないが、試行する価値はある。

4　農村コミュニティ

集落営農のエリア

集落営農にとっては、何をもって「集落」とするかが問われる。図表終－4に集落営農等のエリアを区分してみた。たんに本書の調査地域を分類したままでで、これをもって量的な多少を云々できるものではないが、地域ごとの特徴はある程度指摘できる。

全体としては農業集落（むら）と藩政村が多い。農業集落のみは宮城（米山）だが、追土地と土地込は集落規模がかなり異なる。島根では藩政村には至らず農業集落が２～３つで組織されたものが多いが、これは農業集落が小さいことによろう。農業集落と藩政村にまたがるところとしては広島と青森がある（広島の農業集落の事例は略）。広島は農業集落が小さく、また青森（五所川原）では両者の区別が判然としていない点もある。農業集落がなく藩政村以上のみは長野（松本）である。

明治合併村はブロックローテーション、品目横断的政策等の政策がらみでの組織化が多い。昭和合併村として勢和村をあげたが、これは集落営農の単位ではなくコミュニティビジネスの範囲である。コミュニティビジネス、地域内市場圏の形成となると、一般農村の農業集落（むら）はやや小さ過ぎ、やはり藩政村、明治合併村、昭和合併村程度の規模が求められるといえる。

本書の事例では、農業集落→藩政村→明治合併村等と集落営農の範囲が拡大していった例はなかった。逆に政策対応型の明治合併村集落営農が藩政村に分化していったものとして、島内村→高松村・小宮村の事例が注目される。政策がらみで農協が支所単位に組織したものの、必ずしも地域実態に沿わず、藩政村単位に再編されていったわけである。明治合併村・島内の集落営農の作業は浜農場に依存していたが、高松や小宮にとっては、それは他村に当たり、自分たちの村で、いわば自前で中核オペレーターを育てたいという意向が強かったと推測される。実態や意向に即したエリア修正の動きといえる。

それに対して神林村は明治合併村単位のＡＣＡを設立した。7集落からなる神林村は倍の15集落からなる島内村よりも小振りであることが一つの背景かもしれない。藩政村の強い松本市でも、それに一元化しえない事例ともいえる。

このようにみてくると、集落営農といっても、その「集落」の範囲は、農業集落や藩政村に一元化されうるものではなく、これまでの歴史的生活において自分たちの「むら」と意識されるエリアを軸に、戸数や面積に応じて柔軟に組織されてきたといえる。

そのような生活の単位としての集落を土台に組織された集落営農は、営農面の理由のみから簡単に合併できるものではない。しかし前述の東広島や奥出雲の例のように集落連合はありうる。その場合の「連合」の範囲は事例による限り、必ずしも同心円的な拡大ではなく、ある程度、飛び地的である。「連合」が、地域の極めて意思的な行為であり、連坦性を必ずしも必須としないからだろう。

なお以上では、集落営農との関連のみをみたが、コミュニティビジネスという点では昭和合併村・勢和村のエリアが特筆される。農産物の加工・販売、地域づくりとなると、「むら」規模では小さく、藩政村（丹生）なり昭和合併村のエリアに移ることになる。もちろん農村である限り、そのエリアの構成要素・土台となるのは「むら」（＝農業集落）である。

平成合併市町の意味は、今のところ、合併前の昭和市町村レベルのこのような実績を引き継ぎ、維持し、さらには他地域にも波及させることにとどまる。新出雲市が農政面で当面めざしているのも「維持」だった。丹生―勢和村―多気町の関係をみると、勢和村が多気町に合併されたことで、その諸施設が地域に譲られ、コミュニティビジネスの施設に様変わりした。いわば勢和村の「団体自治」の器が地域の「住民自治」の器に変じた。けがの功名というか、地域は転んでもただで起きないと言うべきか。

さらにエリア論として面白いのは道央農業振興公社で、合併農協エリアに入った四つの市と一つの合併農協が一つの組織を立ち上げた。それが一つのエリアとしての実質をもつに至るかは新たな地域の課題である。

「自治村落論」をめぐって

以上のように今日の集落営農は農業集落（むら）や藩政村を主たる範囲としつつも柔軟にエリアを選択して営まれている。それに対して藩政村をもって日本の村落共同体の基本的な範域・性格とする「自治村落論」の主張がある。

「自治村落」なる概念を打ち出した斎藤仁氏は「筆者の関心の焦点は、近代以降一般に部落と呼ばれてきた村落集団が、近世封建体制の構成要素であったという歴史的経路において自治村落という社会的性格を獲得し、その性格が近代に継承されたことによって農村の協同組合や小作組合のような機能組織の組織単位になったという点にあった(7)」としている。

要するに藩政村が、一面で自治村落の性格をもち、明治以降の産業組合等の組織単位になったという主張であり、そのこと自体は何ら問題とするに足りない。藩政村が自治村落の一面をもつことは教科書的な定説であり（例えば『詳説日本史　改訂版』2010年、山川出版社、167頁）、産業組合の組織化が追求された時代は、なお明治合併村が行政村としての実力をつけきれず、産業組合のような人為組織が実体的行政村としての藩政村に依拠したのは自然な動きである。

問題は、この斎藤氏の藩政村＝自治村落論が、その追随者によって、①日本の村落共同体の基本的な範域は農業集落（「むら」）ではなく藩政村である、②その基本性格は幕藩体制下の統治と引き替えに与えられた自治権をもつ「自治村落」である、というように普遍化され、jargon（特定職業の特殊用語）化したことにある。(8)

斎藤氏自身は先の引用に続けて「部落といわれた村落が一集落藩政村である村落か多集落藩政村の構成村落であるか、またそれがどの程度大字と一致するかといったことは視野に入っていなかった」とし、それを補うべく長野等において精査しつつ、藩政村の「内部村落」にも自治村落の規定が当てはまるケースがあるとした。つまり①は視野外だった。

1970年農林業センサスによれば、農業集落＝大字が27・4％、農業集落≠大字が61・9％、大字がない＝10・7％となっている。地域的には、一致するのが多いのが北陸70・7％、近畿64・7％、「大字がない」のが東山38・2％、山陰23・5％である。「大字がない」の解釈は分かれるが、第4章の冒頭にも述べたような歴史的事情のなかで、藩政村が「大字」と呼ばれなかったまでで、斎藤氏が調査地に選んだ長野はそもそも農業集落＝藩政村が多いところだった。このような難点はあるが、史料で実証しようとする姿勢は評価される。

①が一般論として崩れると、②も日本の村落共同体の基本規定とは言えなくなる。それに対して私は農業集落（むら）を日本の村落共同体の基礎単位とし、「『むら』＝生産・生活共同体」としてきたが、(9)それを「それ自体は無性格の規定」と退け、小田切徳美氏の、藩政村や明治村に基づく「手づくり自治区」の「展望」が「より歴史的具体的規定」だとする見解もある。(10)

しかしこれは二重におかしい。第一に、「展望」が「歴史的具体的規定」だとするのは、本人の使用語にならえばsollen（あるべき）とsein（ある）の混同だろう。第二に、依拠している小田切氏の「手づくり自治区」論は、平成合併等で地域自治が崩されていくなかで、住民自治やコミュニティビジネスを営もうとすれば、農業集落（むら）の範囲では狭く藩政村や明治村の範域が求められる、「集落の機能を『守りの自治』」とすれば、「攻めの自治」を担う分担関係だ、というものである。[11]この小田切説には全く賛成であり、本書でも第1章5の丹生や勢和村の事例として紹介している。小田切氏は農業集落と「手づくり自治区」を二者択一的に論じているわけではない。

なお基礎的村落共同体＝「むら（農業集落）」＝生産・生活共同体という私の規定は、まさに「無性格な規定」である。中世から現代まで連綿と生きながらえている「むら」共同体について、特殊歴史的な性格規定をすること自体が間違いだからである。むしろいつの時代にも変わらない歴史貫通的な性格は何か。それは「生産・生活共同体」である。今日の集落営農も基礎単位は「むら」であり、まさに「むら」の生産と生活の共同体として活きているのが集落営農であり、生産と生活のいずれを外してもその本質を見誤ることになる。

また私が日本の村落共同体を水田集落の「水利共同体」に限定したことに対する批判もある。それに対しては、本書は水田作に限定しているが、いずれ畑作地域の実態にも触れたい。

5　農業政策と担い手

交付金と経営

担い手経営は経営面からみて大きく二つに分かれる。生産調整を行ない、多かれ少なかれそれに伴う交付金に依存している経営と、交付金に頼らず自らの経営力で成り立たせている経営である。

後者といえども生産調整政策そのものに参加していないのは津軽の1例のみで、他は地域の集団転作主体から転作の権利を購入したり、加工米等で対応したりしているが、水田に目いっぱい水稲を作付けするという点で生産調整（転作）をしていない。いずれにしても基本的に主食用米は農協売りではなく自力で販売する。米の販売業を営んでいる者もいる。また転作を大々的に行なっている経営でも米は直売を主にしている経営もある。

個別経営については経営収支データを得ていないが、集落営農（法人）からは損益計算書等をいただいている。それによれば、いろいろな数字の操作もありえようが、基本的に営業収入（農産物販売、受託料等）では物財費をカバーするか赤字で、営業外収入（産地確立交付金、品目横断的政策・戸別所得補償の交付金）で赤字を補てんし、残りを所得として配分しているのが実態である。その点では直接支払い額が農業所得に匹敵するほどになっているヨーロッパと変わりないところにきている。

図表終-5　水田作の組織経営体の農業所得構成（全国、2008年）

（単位：1,000円）

	平均	10ha未満	10～20	20～30	30～50	50ha以上
A 農業収入	35,416	12,651	29,734	25,260	45,051	76,657
B 農業経営費	30,591	12,005	25,990	20,634	35,733	70,565
C=A−B	4,825	646	3,744	4,626	9,318	6,092
D 制度受取金	10,369	3,095	6,202	7,276	10,775	31,292
E 構成員帰属支出	11,975	4,466	9,353	9,196	15,426	25,770
F 農業所得	15,134	3,741	9,946	11,902	20,093	37,384
G=D/F	68.5	82.7	62.4	61.1	53.6	83.7

注：1. AはDを除いたものである。
2. BはEを除いたものである。
3. 農林水産省『農業経営統計調査　営農類型別経営統計（組織経営編）』による。

その点を統計的に確認すれば、図表終－5のようである。ここでCは物財費差し引きの農業所得を指す。これが純粋に農業部門から上げられる所得である。このCと制度受取金Dを足したものが農業所得Fを構成する（EはFに含まれる）。C／Fは平均で32％、3分の1でしかない。それに対して制度受取金の割合D／F＝Gが3分の2を占める。その割合が高いのが10ha未満層と50ha以上層の両端であり、ともに8割台に達している。「交付金で食っているようなもんだ」という彼らの述懐はある程度実態を物語っている。その点からして、特別に米の販売ルートを確保し、相対的に高値販売できている少数の経営を除けば、財政支援なしには今日の担い手経営といえども成立しない。

その点で、農政が短期間に激変することが担い手経営にとって最もリスキーである。松本市の調査は２００９年夏の政権交代選挙の翌日から入った。そこである法人の経営主に「農政に何を望むか」と聞いたときに返ってきた答えは「ぶれない農政」だった。我々は農政の変化にも堪えていけるが、あまりにくるくる変わったのでは経営計画を立てられないというのである。また本書では報告していないが、滋賀県のある法人トップに「最大の経営リスクは何か」と聞くと「政権」という回答だった。

彼らが交付金依存に甘んじているのかといえば、それは否である。調査した全ての担い手経営の望みは「米価の安定」である。「交付金は好きでない」と答えた者もいる。彼らは一様に戸別所得補償政策などが長続きするとは思っていない。「とりあえずもらえるものはもらっておこう」という姿勢である。かくして農政が担い手育成の最大の阻害要因になっている。

生産調整政策と担い手経営

日本の農政の現実的争点は次第に生産調整政策の要否に収れんしてきた。すなわち〈内外自由化→生産調整の選択制・廃止→直接支払い政策〉という文脈の是非をめぐって、生産調整がキーポイントになってきた。生源寺眞一『日本農業の真実』（2011年、ちくま新書）はその論点整理の書といえるが、その結論だけを引用すれば「選択的な生産調整を、生産調整のない状態に移行する過渡的な制度として位置づけ、いわばソフトランディングをはかることである。このタイプについては、移行のためのメカニズムとして、生産調整参加者のコメに関する保証水準を徐々に市場価格に近づけていくことが考えられる。……ここでいう生産調整のない状態へのランディングとは、需給調整への財源投入を圧縮すると同時に、これとは別に担い手層への支援の復活と強化をはかるプロセス」だとする。

ここで「生産調整参加者のコメに関する保証水準」とは米戸別所得補償額のことだろう。それがゼロに近づけば、過渡的には「過剰作付け」が起こり、米価はさらに下落してついには需給均衡価格水準に近づき、少なくとも理論的には米生産も需給均衡水準まで減産するはずである。そうすると余った水田を誰がどう利用するかが問題になるが、「需給調整への財源投入」を減らした分を担い手経営に対する直接支払いに回すことで（転作収益を）カバーする、ということだろうか。

いずれにしても、すでに品目横断的政策のときから麦大豆は過去実績を100％近く達成しており、4ha以上、20ha以上の担い手経営に集積されていた。それに対する交付金は、利用権を設定している場合は担い手経営が全て受け取り、そうでない場合は、例えば土地に係る産地確立交付金と緑ゲタは地権者、作物に係る黄ゲタは実転作者（担い手経営）が受け取るなど、さまざまな形でのシェアがなされていた。概して面積当たりの交付金は土地に支払われたものとして地権者に帰属しやすい。それをゼロにすることは「転作協力」を難しくするが、徐々に作物に支払われる数量当たりにシフトさせることが、実転作者への帰属を高めるポイントである。また民主党農政のように中間団体排除ではなく、地域の諸組織による調整が欠かせない。

このような地域での工夫を通じて、一方でやっと生産調整が達成され、他方で担い手の所得確保ができていたのが前項でみた担い手経営の実態である。そのうえさらに米価が下落し、「需給調整への財源投入を圧縮」したらどうなるのだろうか。第一に、実転作を担い手等に依存しつつもなお利用権設定には踏み切れない広範な農家層（地権者）を生産調整から引き揚げさせ、第二に、それによるさらなる米価下落は、直接支払いが全額をカバーできなければ、担い手経営をも成り立たなくさせる。

生産調整については、本書でも参加しない農家の窮状を記録した。農地購入にスーパーＬ資金を使えない、女性組織にも参加させてもらえない等、理不尽な扱いを受けている。それでも、今は生活と経営が苦しいから生産調整できないが、ゆとりが出たら参加するつもりでいる。このような、生産調整を動脈硬化に導く措置はさけるべきである。

なお転作という意味での生産調整に実質的に参加していない担い手農家は、米の有利販売の売り先を確保している。売れない米、売れても安いコメを生産しながら生産調整に参加しないのではない。生産調整の問題はミクロとマクロの調整であり、問題はミクロ的に（ディスカウントしないと）売れない米をつくりながら、マクロの生産調整に参加しない農家の存在である。

生産調整に参加している担い手経営についていえば、経営に転作を取り入れることで、労力配分を調整しつつ、水稲だけでは困難な規模拡大の要請に応えており、前述のように収入的にも経営を支えている。担い手としての大きな役割の一つは、そういうマクロの課題としての地域の転作作業を引き受けることである。

構造政策

利用権設定では政策の具体的効果はあまりない。津軽では小作料が高いことへの不満は強く、標準小作料の廃止が悔やまれる。末期自民党から民主党にかけての農政の切り札は農地利用集積円滑化事業であるが、それは地権者から白紙委任を受けた円滑化団体が団地化に向け貸付けをあっ旋するのみで、農地保有合理化事業のような中間保有・転貸借の機能を伴わない。農協が円滑化団体の主流になるようだが、農協の農地合理化事業を形を多少変えて継続するのが落ちだろう。自民党農政時代には、相当規模の予算が準備され5年間にわたり10ａ2万円の交付金も担い手協で使途を決めることができたので、借り手、貸し手で折半するなど、貸し手に対しても〝踏切料〟の役割を果たした。民主党農政は構造政策ではなく戸別所得補償制度に組み込み、担い手への規模拡大加算に位置づけ、予算も激減したので、地域としては、貸し手への配慮もなく（その修正は後述）、手続きが煩わしいだけのお荷物政策になった。農協としては「やるしかない」という消極姿勢である。また斐川町の例では、集落営農の法人化に交付金を活用する等以外の具体的用途は思いつかれていない。五所川原市では、相手を見つけられない貸し手に対して斡旋しているのみである。

農地保有合理化事業の中間的農地保有機能を活用した利用権の再配分は、斐川町の例にみたように、担い手農家の作り交換（団地化）、集落営農の設立に際しての出入り作の整理、高齢化した担い手農家の借地の再配分等に絶大な効果をあげている。

所有権移転についての農地保有合理化事業の役割は第5章3にみたとおりである。

世代交代期の構造政策の最大の課題は、担い手への面的な農地集積、リタイア年金等の充実、その跡を埋ずめて過疎化をさける新規就農者（後継者・新規参入者）支援の三点セットに尽きる。

最後の点については、出雲、斐川、松本、五所川原、道央等における取組みを紹介してきた。その特徴と課題を要約すれば、①技術面での機関教育と農家研修の組み合わせ、さらに経営計画づくりとの組み合わせ、初期投資支援と期間中の生活費支援、②農家後継者と新規参入者のそれぞれの独自課題への対応（道央公社）、③「むら」社会にとけ込むための社会的支援、④関連して配偶（予定）者の就農等支援への配慮も望みたい。⑤農地確保のためには農業公社やＪＡ出資型法人等の中間的農地保有機能が有効、等である。

なおこれらの自治体・農協レベルでの努力は、施設型農業に偏している。土地利用型農業には若者にとっての魅力と土地確保の問題がつきまとう。その点は農業生産法人等でのＯＪＴ、それに対する支援に負うところが大きいと思われる。

そのうえに就農助成金や住宅の手当て等が考えられることになろう。フランス等の就農助成が注目されているが、日本の「むら」農業の独自性に着目した制度設計が望まれる。

なお校正段階で２０１２年度概算要求に、農地の出し手への農地集積協力金、45歳未満の新規就農者に年１５０万円、最長7年の支援策を盛り込んだとの報道に接した。政権としては、ＴＰＰ参加の受け皿づくりだろうが、構造政策それ自体としては前進であり、その上で地域裁量性、ソフト事業や制度とのかみ合わせが課題である。

6　地域農業支援システム

4ha未満の小規模農家を組織化することで政策対象にすくい上げるための集落営農化の支援等を目的としたワンフロア化、地域農業支援センター化等の動きは、多少ともその内在的可能性を秘めていた集落をほぼ組織化し、またそれを条件づけた品目横断的政策が短命に終わり、全ての販売農家を対象とする民主党の戸別所得補償政策に転換することにより、すでにピークを過ぎたかの感もある。

既存のワンフロア化組織も、その活動の重点を集落営農の組織化から、組織化した集落営農の法人化にシフトさせてきている。同時に出雲市にみられたように農協が出資法人を立ち上げて、受け手のいない農地の受け皿になったり、耕作放棄地対策（農業経営機能）や新規就農対策（インキュベーター機能）を追求するようになった。ワンフロア化はあくまで支援組織であって事業体ではない。その限界を突破するためには次のステップが求められ出したからである。しかし借地をどんどん拡大するというより、あくまで担い手の育成が本命のようである。

ワンフロア化は法的な組織ではなく、関係者の意思によりつくることもできれば解散することもできる。日本人は一度組織をつくるとその維持に汲々とするが、任務の終わった組織はどんどん解散したほうがよい。

しかしなお、集落化やその法人化の課題がし残されている地域は少なくない。その意味では依然としてワンフロア化は必要である。同時にワンフロア化は、前述のように、組織それ自体ではなく、行政と農業団体の協働が実態である。名目はともかく実際にワンフロア化を組織化しなかった長野・松本市も「ワン機能化」は果たしているとしており、実際その実績をあげているが、そのような努力は依然として続けられるべきであろう。

顧みれば、市町村農業公社は、ワンフロア化のはるか以前から追求されてきた、法的なワンフロア化組織である。かつ国は法律の器をつくりはしたが、実際にそれを推進したのは地域だった。農業公社については、本書では斐川町農業公社と道央農業振興公社の事例を取り上げた。市町村公社はその固有機能を必ずしも見いだしがたいものもあるが、両公社の場合は、前述のように農地保有合理化事業における中間的農地保有・転貸借機能をフルに発揮して農地の面的集積を行ない、あるいは新規就農対策等に取り組んでいる。

前述のように、国は農地利用集積円滑化団体を全国一律に立ち上げようとしているが、農業委員会や市町村農業公社あるいは農協合理化事業もあるなかで新組織をつくることは、屋上屋を重ねることになり、特定の団体を円滑化団体とすることは、結果的にワンフロア化の機運に水を差すことになる。地域が必要だと思う組織化は地域が自主的につくり、国はそれを財政的に「支援」すればよい。また中間的農地保有・転貸借機能をもたない同団体が真の面的集積を果たしうるかは全く疑問である。

市町村農業公社なりワンフロア化の動向の意義は、何といっても地域が自らの創意と工夫で（制度を活用しつつも）地域農業支援システムをつくりあげたことである。その取組み姿勢は今後とも、「支援」から、地域農業そのものを担うことも含めて、新たな事業分野に活かされていくべきだろう。

注

（1）以下は拙著『反ＴＰＰの農業再建論』（２０１１年、筑波書房）第7章と重複するところがあり、詳述を同書に譲った点もあるので、併せて参照いただきたい。

（2）生源寺眞一『日本農業の真実』２０１１年、ちくま新書、１０４頁。すでに１９９２年の「新政策」でも「現在の技術水準（中型機械技術体系）の下で、集団化された圃場の利用を前提とすれば、経営の効率的規模は10～20 haに達する」とされていた。

なおこれらの点について、新山陽子氏は「近年の日本の農業経営においては『規模の経済』の観点から最も効率的な『最小最適規模』でも、収益面からみて経営存続に必要な後継者が確保できる『最小必要規模』に達していない可能性がある」としている（「経営政策の導入と農業経営の存続」小池恒男他編『キーワードで読みとく現代農業と食料・環境』２０１１年、昭和堂）。本書の事例はそのことを検証するものでもある。

（3）梶井氏の「生産者組織」論は、本書の調査事例では松本市島内の有限会社「高山の里」が典型的だろう。

（4）かならずしもそうでない事例として長野県飯島町の田切農産をあげることができる（拙著『混迷する農政　協同する地域』２００９年、筑波書房、第5章第4節1）。藩政村・田切村をエリアとする有限会

社・田切農産は構成員17名、利用権設定受け面積50 haだが、出資金300万円の過半は地区営農組合（藩政村全戸参加で270名）が組合長名義で負担し、組合長が構成員になっている。つまり会社の自立・独走を藩政村地権者として牽制したいわけである。

（5）拙著『混迷する農政　協同する地域』前掲、第4章第5節。

（6）前掲書、第4章第4節。

（7）斎藤仁「日本の村落とその市場対応機能組織」大鎌邦雄編『日本とアジアの農業集落』2009年、清文堂。

（8）例えば庄司俊作「日本の村落についてのノート」『村落社会研究ジャーナル』30号、2009年、は私の説をもって「自治村落論全面否定」とし、「田代が歴史研究者でないことに起因する問題点」を縷々指摘している。私は「全面否定」論でもないし、そもそも「歴史研究者」を名乗ったこともない。逆に「歴史研究者」たることを自負するなら、歴史学のレーゾンデートルである徹底した史料批判・分析に基づく反論を期待したい。

なお地域における藩政村と集落の関係等は、ペーパー歴史家よりも郷土史家のほうがよほど有益である。書物としては郷土史家等の知見を結集した『角川日本地名大辞典』の各県版が便利である。第4章の松本については、穂高古文書研究会編『松本藩領・預所　村名一覧（享保11年戸田氏入封後）』（2011年）を参考とした。また滝沢主税『解析　信濃国絵図』（長野県地名研究所）は本書と同じ頃に刊行されるが、19世紀半ばの県内1861村の境界線、18万9000の「字」の範囲を調べた画期的なものとして期待される。

（9）拙著『新版　農業問題入門』2003年、大月書店、第8章、同『農業・協同・公共性』2008

年、筑波書房、序章。

（10）磯辺俊彦『むらと農法変革』２０１０年、東京農大出版会、第8章。

（11）小田切徳美「農山漁村地域再生の課題」大森彌他『実践　まちづくり読本』２００８年、公職研。

あとがき――謝辞

月曜の午後の授業を終えて、多摩の奥の始発駅から乗り継いで現地に入る。遠隔地が多いから夜は遅いが、ポツンとともる赤い灯をさがす。火曜一日ヒアリングして、水曜午後の講義に間に合うように大学に戻る。女子学生は見てないようで見ているので、替えのネクタイぐらいは用意しておく。そんな短い「旅」を重ねてきた。

そういう日程のなかでヒアリング対象の農業者や農業関係機関の皆さまには無理なお願いをした。一私人の調査は軽くあしらわれることなきにしもあらずだが、本書の事例についてはいずれも快く受け入れていただいたうえ、元稿のいくつかについては、原稿段階でお目通しいただくことができた。

第Ⅰ部に関する情報は「全国農業新聞」「農業共済新聞」等から得ることが多かった。第Ⅱ部は、全国農地保有合理化協会、県農業公社、地元の自治体・農業委員会・農協・農業公社等のお世話になった。

本書の元稿は、第Ⅰ部については日本文化厚生農協連『文化連情報』２０１０年11月号～11年8月号、全国農地保有合理化協会『ふぁーむらんど』51号（２０１１年）、第Ⅱ部については、全国農地保有合理化協会『土地と農業』№40（２０１０年）、№41（２０１１年）に掲載したものである。いずれについても、一方で紙幅の関係から大幅にカットし、他方でその後の事態に合わせた補筆を行なっている。文化連の小磯明氏、全国農地保有合理化協会の小野甲二氏には格段のご配慮を賜った。

また第5章の一部は、農業委員会を事務局とする五所川原農業活力推進本部（2007〜08年度）のアドバイザー・グループとして行なった調査に基づく『五所川原農業活力推進計画及びアンケート・ヒアリング調査報告』（2008年3月）の拙稿をふまえている。当時の事務局長の鈴木正徳氏、現在の農林水産課長兼事務局長の小山内洋一氏を初めとする事務局員各位、そして調査メンバー（宇野忠義、佐藤加寿子、小山良太、渡部岳陽）の諸氏にお世話になった。

本書の制作を担当していただいた農文協の金成政博氏からは、30代の駆け出しの頃に「兼業農家」に関する著書執筆の声をかけられたが、その約束を果たし得ずして茫々30数年が過ぎ、ともに定年を過ぎた。一夜、たまたま酒を酌み交わすなかで「あの話はどうなったか」ということになり、玉手箱を開いてみたら、出てきた煙が本書だった。大津波で沖に逃げた漁師が浜に戻ってみたら何もなかった。浦島伝説はそこから生まれたという。

私は、「兼業農業の時代」が終わりを告げた1980年代半ば以降、主として農業構造問題の調査に携わってきたが、自民党農政の選別的な構造政策の時代には構造政策に関する見解の表明を控えてきた。政権が代わりその制約がとれる一方で、本来の構造政策の意義があいまいにされるなかで、構造政策について語る時がきたと判断した（拙稿「いまこそ構造政策の明確化を」農業開発研修センター『地域農業と農協』第40巻第4号、2011年）。金成氏との約束の、形を変えた履行の時でもある。

なお本シリーズ第9巻『地域農業の再生と農地制度』（原田純孝編）の第5章「土地利用型農業の

担い手像」（拙稿）は、本書のエッセンスをごくごく煮詰めたものであり、論旨の重複がある。また本書は、『集落営農と農業生産法人』（２００６年、筑波書房）の続編であり、『反ＴＰＰの農業再建論』（２０１１年、同）の姉妹編でもある。

本書の調査費は、講演機会の利用、大学の旅費の他は、日本学術振興会の科学研究費補助金・基盤研究（Ｃ）「企業の地域農業囲い込み戦略と農協・農業委員会の対応」（２０１０～12年度）による。科研費研究としてはなお期中報告にあたる。

また松﨑めぐみさんには横浜国立大学のときより校正のお手伝いをいただいている。

以上の全ての方々に厚くお礼申し上げる。

現実を踏まえない理論や政策、その批判は、ともに虚しい。農業経済学は農家調査をやめた時が終わりだ。私にとってもその日は遠くないが、それまでは老骨にむち打って地域個性を訪ねる旅を続けたい。本書についてご批判を賜わることができれば、その励みとなろう。

二〇一一年十月

田代洋一

著者略歴

田代洋一（たしろ　よういち）

1943年千葉県生まれ。1966年、東京教育大学文学部卒、農水省入省。1975年横浜国立大学経済学部助教授。同国際社会科学研究科教授等を経て、2008年度より大妻女子大学社会情報学部教授。博士（経済学）。専門は農業政策、担当は地域経済論、生活経済論。

主な関連著書に『農地政策と地域』1993年、日本経済評論社、『集落営農と農業生産法人』2006年、筑波書房、『農業・協同・公共性』2008年、筑波書房、『混迷する農政　協同する地域』2009年、筑波書房、『反TPPの農業再建論』2011年、筑波書房、など。

シリーズ　地域の再生 5

地域農業の担い手群像

土地利用型農業の新展開とコミュニティビジネス

2011年11月20日　第1刷発行

著　者　田代　洋一

発行所　社団法人　農山漁村文化協会
〒107-8668　東京都港区赤坂7丁目6-1
電話　03(3585)1141（営業）　03(3585)1145（編集）
FAX 03(3585)3668　振替　00120-3-144478
URL　http://www.ruralnet.or.jp/

ISBN978-4-540-11199-0　DTP制作／ふきの編集事務所
〈検印廃止〉　印刷・製本／凸版印刷(株)